AF596843

REVUE ASTRONOMIQUE DE 1861.

REVUE

ASTRONOMIQUE

DE L'ANNÉE 1861

PAR

EDMOND DUBOIS.

BREST
LIBRAIRIE DE J. B. ET A. LEFOURNIER
86 GRAND'RUE 86

1862.

REVUE ASTRONOMIQUE DE 1861[1].

I.

En présence de la marche toujours croissante des progrès intellectuels de l'humanité ; au milieu de découvertes dont quelques-unes, aussi brillantes qu'inattendues, viennent étonner le monde, il y a toujours un très-grand intérêt à faire, de temps à autre, le relevé des richesses scientifiques dont les travailleurs infatigables, dont les révélateurs heureux augmentent peu à peu le trésor de notre monde intellectuel.

L'humanité prend ainsi plaisir à imiter l'homme laborieux et économe qui, à certains intervalles, aime à compter l'accroissement de sa fortune, accroissement dû à de rudes labeurs et à de sévères privations.

Du reste, ce retour en arrière vers les difficultés vaincues, cette proclamation des horizons nouveaux offerts à l'activité

(1) Cette Revue a été lue à la Société Académique de Brest dans les séances du 25 Novembre, du 30 Décembre 1861 et du 27 Janvier 1862.

de notre pensée ont leur côté éminemment moral; ils excitent notre émulation, raniment notre ardeur et nous font mieux comprendre ces paroles de Gresset :

> Employer ses talents son temps et sa vertu,
> Servir au bien public, illustrer sa patrie,
> Penser enfin, c'est là que commence la vie.

Si la science se montre, en général, sous un aspect froid et sévère, elle a sur les autres parties du domaine de la pensée l'avantage que la route qui s'ouvre devant elle paraît sans borne.

Cet avantage en est-il un réellement?

N'est-ce point, au contraire, la vue de ce chemin n'aboutissant point qui donne à la science cet air sombre et glacé qui éloigne d'elle tant de gens?

Cette marche sans fin l'effraie sans doute, et, quoique poussée dans la voie qu'elle suit par un charme irrésistible, elle craint peut-être que cette route ne soit fatale ou que les ressources intellectuelles de l'humanité ne soient épuisées avant d'avoir fait une moisson qui puisse la satisfaire.

Il n'en est pas complètement de même, selon nous, des arts et des lettres.

Bien que la variété dans l'art, comme dans l'expression de la pensée, soit infinie; bien que l'idéal physique ou moral, que l'esprit humain semble poursuivre, paraisse reculer à mesure qu'on en approche; il y a, dans cette recherche du beau et du vrai, une limite que paraît déjà toucher la puissance de l'homme.

Qui penserait, en effet, à dépasser, en sculpture, Phidias, Michel-Ange, Benvenuto-Cellini ou Jean Goujon!....

En peinture, à aller au-delà des Raphaël, des Michel-Ange, des Titien, des Rubens, des Poussin, des Rembrandt !...

Dans la musique, à laisser en arrière Mozart, Haydn, Beethoven, Meyerbeer, Halévy, Listz, Thalberg ou Paganini !

Dans les lettres enfin, à faire mieux que toute cette brillante pléiade de poëtes et d'écrivains dont la Grèce et Rome antiques nous ont fourni les modèles, et qui ont imprimé au monde entier ce mouvement littéraire qui, depuis le commencement du 16e siècle surtout, jusqu'à nos jours, se continue d'une manière si active.

Ne semble-t-il pas que dans tous les genres ces immortels interprètes de tout ce qui plait à l'homme sur la Terre, de tout ce qui est vrai, ont atteint les limites de la puissance que Dieu nous a donnée.

Si de temps à autre il surgit quelque pensée nouvelle ; si la forme se montre sous un aspect nouveau ; si la musique fait entendre une note qui n'a pas encore fait vibrer une corde ignorée de notre âme ; cette pensée nouvelle, cette mélodie d'une vibration inconnue, cette forme non encore mise en relief par le pinceau magique d'un Raphaël ou le ciseau divin d'un Phidias, ne sont encore que des variétés dans l'art ou dans la pensée; qu'un pas de plus fait vers l'idéal désiré, mais n'ouvrent point à l'homme d'horizons nouveaux.

Toute œuvre littéraire exprime habituellement les passions, les souffrances, les dévouements, les vices ou les vertus des hommes.

La peinture représente sur la toile ces passions, ces souffrances, ces dévouements; la sculpture les taille dans le marbre; la musique les chante. Mais, que ce soit, lettres ou sculpture, peinture ou musique, c'est toujours l'humanité représentée soit au physique soit au moral ; c'est toujours la nature morale et matérielle circonscrite à notre globe. Doit-il du reste en être autrement et quelque chose peut-il nous plaire davantage que ce qui nous touche directement.

Aussi, l'influence de la littérature et des arts sur la civilisation morale de l'homme est trop vivement sentie par l'humanité tout entière pour que ces deux parties du domaine intellectuel ne soient pas considérées comme devant occuper la première place.

C'est, en effet, dans ces œuvres de l'intelligence que nous ressentons plus vivement ces aspirations divines, ces désirs infinis de bonheur, ces vagues souvenances d'un passé meilleur qui nous font tressaillir et qui ont fait dire à Lamartine, dans ses *Méditations :*

> Borné dans sa nature, infini dans ses vœux,
> L'homme est un Dieu tombé qui se souvient des cieux.

La science au contraire marche, pour ainsi dire, dans un cercle plus large ; elle se distingue des lettres et des arts par son universalité, son essence en *général abstraite*.

Les vérités mathématiques découvertes par les Archimède, les Apollonius, les Galilée, les Leibnitz, les Newton, les Euler, les Lagrange, etc..., existent en dehors de tout.

Que l'homme, les animaux et les plantes disparaissent de notre globe ; que notre ravissant ciel bleu s'évanouisse ; que notre éblouissant soleil s'éteigne ; que la Terre et les mondes qui l'entourent reprennent la forme vaporeuse qu'ils avaient à l'origine, les inflexibles vérités mathématiques révélées à l'homme n'en existeront pas moins ; elles sont éternelles, elles ont pour ainsi dire une essence divine.

Il en est sans doute de même des découvertes relatives à la physique et à la chimie, ou du moins si celles-là sont plus intimement liées à la matière, les lois qu'il a été donné à l'homme de connaître existent pour tous les mondes matériels qui gravitent dans l'espace.

Tout en admirant donc ces productions si avidement désirées en raison des sensations de toutes sortes qu'elles nous font éprouver; tout en savourant avec bonheur les jouissances extrêmes que procure une œuvre purement littéraire ou un morceau réellement artistique, on comprendra, j'en suis sûr, l'intérêt qu'il peut y avoir à connaître et à enregistrer les conquêtes de l'esprit humain sur le domaine intellectuel de l'univers; conquêtes qui, en dehors de la grandeur qui leur est propre, ont sur l'humanité une influence directement matérielle par les progrès qu'elles permettent de réaliser, non-seulement dans l'industrie, mais aussi dans les arts.

Mais, comme dans chaque branche des sciences, les travaux accomplis, les résultats obtenus atteignent de nos jours un chiffre qui indique combien les travailleurs sont nombreux, il serait à désirer que chaque revue des travaux et découvertes relatifs à chaque branche fût faite par un homme spécial, donnant au lecteur son appréciation propre et mettant en relief la valeur réelle des différents résultats acquis.

Grâce à l'activité intellectuelle du 19e siècle, les études à faire, les expériences à tenter se présentent tellement en foule à celui qui cherche, que ce n'est qu'en devenant spécial, même dans une seule partie des différentes branches des sciences, que l'on peut avoir l'espoir d'apporter sa pierre aux différents monuments de la pensée, ou rendre ses efforts utiles au développement de l'esprit humain.

C'est pour cela que, sans avoir nullement la prétention d'avoir suffisamment approfondi la plus belle des sciences, je demanderai à la Société Académique de lui faire simplement connaître les travaux et découvertes accomplis en Astronomie pendant l'année qui touche à sa fin, ou dont la connaissance ne nous est parvenue qu'en 1861.

II.

Les Etoiles variables. — De toutes les questions relatives à l'Astronomie, il n'en est pas qui atteste d'une manière plus effrayante la grandeur infinie de la création, qui excite davantage tous les fantômes de notre imagination que la contemplation de ces innombrables soleils désignés sous le nom d'étoiles, et qui nous enveloppent de toute part.

Royaumes étoilés, célestes colonies,
Peut-être enfermez-vous ces esprits, ces génies
Qui par tous les degrés de l'échelle du ciel
Montaient, suivant Platon, jusqu'au trône éternel.

Dans cette immense assemblée d'éclatants soleils, dans cette foule incommensurable des rois de l'univers réunis en ce point de l'espace par la main toute puissante de la gravitation, il se passe des phénomènes que la science ne peut encore expliquer d'une manière certaine et qu'elle se borne à étudier.

Parmi ces phénomènes mystérieux, on peut citer celui des *Etoiles variables*, c'est-à-dire, des étoiles dont l'éclat passe par différents degrés d'intensité, soit par périodes déterminées, soit à intervalles dont on n'a pas encore trouvé la loi.

Trois nouvelles étoiles de ce genre ont été découvertes l'année dernière par M. Joseph Baxendell.

La première est très-voisine d'Arcturus. Le 9 avril 1860, elle paraissait de la 10e grandeur environ ; les jours suivants, son éclat a diminué rapidement et elle a enfin disparu le 23. Sa période de réapparition n'est pas encore déterminée.

La seconde se trouve dans la nébuleuse VIII,72 d'Herschel; d'une couleur rouge-jaune foncé, elle était de 11e grandeur le 11 juillet; le 13 septembre elle avait disparu. Elle est voisine du Serpentaire.

La troisième, enfin, est le numéro 4351 de la zone + 16° du Catalogue de Bonn; elle se trouve près du *Dauphin*. Le 25 septembre, cette étoile était de 8e grandeur; elle n'était plus que de la 11e le 18 décembre.

M. Goldschmidt avait aussi signalé que l'étoile numéro 40196 du Catalogue de Lalande qui, au mois de juin, se trouvait visible et avait l'apparence d'une étoile de 7e à 8e grandeur, avait disparu. Cet astronome a écrit aux *Astronomich Nachrichten*, le 14 octobre dernier, que l'astre a reparu le 25 septembre 1861 ; le 10 octobre, il était au-dessus de la 10e grandeur. On pourrait en conclure que la période de réapparition est assez courte. Cette étoile est du reste notée comme variable dans la Carte de la 20e heure de Encke.

Nous voyons que les quatre étoiles variables dont je viens d'indiquer l'observation ne peuvent pas être encore rangées parmi celles dont les périodes sont nettement établies et dont le nombre s'élevait à 24, en 1855, d'après la liste dressée par Argelander.

Jusqu'à ce que de nouvelles observations aient permis de constater la périodicité de leur éclat, elles doivent prendre rang parmi celles dont les périodes restent encore inconnues et dont la célèbre Etoile η d'Argo représente un des plus incompréhensibles phénomènes.

Cette étoile a, en effet, depuis 1677 jusqu'à nos jours, passé par des périodes d'éclat extraordinaires, périodes qui ne semblent résulter d'aucune loi.

De la 4e grandeur, en 1677, elle a varié irrégulièrement jusqu'en 1843 entre la 1re et la 4e grandeur. De 1843 à 1850, son éclat était tellement extraordinaire qu'elle égalait presque Sirius. Il a ensuite un peu diminué, mais elle est encore actuellement de première grandeur.

Dans la revue astronomique de 1860, j'ai indiqué les hypothèses faites pour expliquer ces variations dans l'éclat de certaines étoiles. Toutes ces suppositions laissent à désirer et nous ignorerons sans doute longtemps encore la cause réelle de ces phénomènes qui ne sont peut-être tout simplement dus, ainsi que le suppose M. de Humboldt, qu'à des variations réelles de lumière dans les surfaces ou les photosphères de ces centres radieux. Pour ces soleils, dont l'éclat change d'une manière si étrange, Lamartine ne pourrait donc pas répéter ce qu'il a dit de l'astre brillant du jour :

L'éclat de tes rayons ne s'est point affaibli,
Et sous la main des temps ton front n'a point pâli.

Nous devons encore enregistrer une étoile variable découverte dans la nébuleuse II,399 par M. Schmidt, directeur de l'Observatoire d'Athènes, astronome qui observe, d'une manière spéciale, sous le beau ciel de la Grèce, les maxima et minima des étoiles variables.

Cette étoile, indiquée de 10e grandeur dans le Catalogue de M. d'Arrest, a été invisible les 24 et 26 janvier 1861. Elle s'est de nouveau montrée le 31 janvier, elle était de la 11e grandeur.

III.

Etoiles doubles. — On sait maintenant que parmi les soleils qui nous entourent il en est qui gravitent les uns autour des autres comme les planètes de notre système circulent autour de notre radieux Soleil.

On a donné à ces systèmes le nom d'étoiles doubles, triples ou enfin multiples lorsqu'avec une lunette d'un grossissement médiocre ils paraissent ne former qu'une seule et même étoile.

M. Baden-Powell, directeur de l'Observatoire de Madras, vient de déterminer, à nouveau, l'orbite de l'étoile double η de Cassiopée, donnée primitivement par W. Herschel.

Les distances et les angles de position observés par l'astronome anglais sont représentés d'une manière suffisamment exacte par cette nouvelle orbite. Cette détermination, basée sur les lois de la gravitation telles qu'elles existent dans notre système, fournit donc une preuve à l'appui de l'opinion, si rationnelle du reste, que le principe fondamental découvert par Newton régit non-seulement notre système, mais tous ceux qui roulent dans les espaces.

La durée de révolution des deux éléments η de Cassiopée, autour de leur centre de gravité, est de 181 ans.

L'ellipse décrite est très-aplatie, puisque l'excentricité est de 0,7708, c'est-à-dire que le petit axe n'est environ que les 3/5 du grand.

Ces deux soleils, qui gravitent l'un autour de l'autre, ne

paraissent pas s'écarter à une distance plus grande que 12'',84.

Le demi-grand axe n'est donc au plus que de 6'',8, c'est-à-dire que du point où nous sommes il ne paraît pas plus grand que le quart du diamètre de Vénus, tel qu'on l'apercevait à la fin de décembre.

Cette distance, qui nous paraît si petite, n'en est pas moins énorme; ainsi, en supposant que η de Cassiopée soit aussi près de nous que l'est α du Centaure, étoile dont la lumière met trois ans et demi environ à nous parvenir, il est facile de calculer que lorsque les deux éléments considérés sont à leur distance moyenne, la lumière doit mettre une heure trois minutes à aller de l'un à l'autre. Comme la lumière met environ huit minutes treize secondes à parcourir la distance moyenne du Soleil à la Terre, on voit que les deux soleils qui forment η de Cassiopée sont, dans leur distance moyenne, éloignés l'un de l'autre de plus de sept fois et demie notre distance au Soleil, c'est-à-dire de plus de 290 millions de lieues.

Quand ils sont à leur distance minimum, distance qui nous apparaît sous un angle de une seconde trois dixièmes, ils sont encore à plus de 58 millions de lieues l'un de l'autre.

Tout ce que je viens de dire est dans l'hypothèse où l'étoile η de Cassiopée est aussi voisine de nous que l'est α du Centaure. Comme il est certain qu'il n'en est pas ainsi, qu'elle en est, au contraire, beaucoup plus éloignée, on voit quelle immense orbite parcourt chacune de ces étoiles qui nous paraissent cependant tellement voisines l'une de l'autre qu'on a cru longtemps qu'elles n'en formaient qu'une.

Combien ces découvertes viennent mettre en relief la puissance de la vision chez l'homme, puisque cet organe lui permet de sonder les espaces célestes et d'embrasser d'un seul regard des distances dont l'esprit peut à peine se rendre compte.

En donnant à la lumière le pouvoir de se transmettre indéfiniment et à l'homme un organe dont la sensibilité surpasse d'une manière si extraordinaire celle de tous nos autres sens, Dieu a donc voulu que, par la contemplation des soleils qui gravitent dans l'espace, aussi bien que par celle des êtres qui vivent dans une goutte d'eau, nous reconnaissions et sa grandeur infinie et sa sollicitude paternelle.

Mais ces découvertes de mondes complètement ignorés avant la fin du 18e siècle, en nous faisant mieux sentir notre faiblesse dans l'échelle immense de la création, ne doivent pas diminuer l'importance attribuée à l'homme, dans l'univers, par tous les philosophes religieux, car

> Aux regards de celui qui fit l'immensité,
> L'insecte vaut un monde, ils ont autant coûté.

IV.

L'Etoile Sirius. — Il y a dans la voûte céleste une étoile, la plus belle entre toutes, la plus éblouissante par son éclat et sa blancheur, qui est aujourd'hui le sujet d'observations et d'études les plus sérieuses.

Cette étoile, que tout le monde admire sous le nom de *Sirius*, est à une distance de nous égale à un million trois cent soixante-treize mille fois celle de la Terre au Soleil, c'est-à-dire que sa lumière met environ vingt-deux ans à nous parvenir.

Ainsi, disons-le en passant, nous ne voyons actuellement cet astre brillant que tel qu'il était il y a vingt-deux ans; peut-être n'existe-t-il plus !.....

Dans son rapport au ministre de l'instruction publique, sur l'organisation de l'Observatoire impérial, M. Leverrier dit en parlant de Sirius :

« En discutant les observations de Sirius comparées pen-
» dant cent ans aux étoiles des constellations du Taureau,
» d'Orion et des Gémeaux, Bessel a constaté dans cette étoile
» un mouvement d'oscillation particulier et très-prononcé;
» phénomène inexplicable, sinon en admettant que Sirius est
» soumis à l'influence d'un corps considérable auquel il est
» enchaîné par les lois de la gravitation. Or, cette supposition
» rend un compte si parfait de toutes les circonstances du
» phénomène que nous ne saurions douter qu'elle soit l'ex-
» pression de la vérité. Si nous n'avons pas aperçu
» jusqu'ici ce compagnon de Sirius, c'est qu'il ne cons-
» titue pas un second Soleil brillant d'une lumière pro-
» pre, comme dans les systèmes d'Etoiles doubles, mais bien
» une grosse planète du Soleil Sirius, planète dont l'éclat
» emprunté n'a pu parvenir jusqu'à nous. Peut-être, en
» perfectionnant nos moyens optiques, la verrons-nous un
» jour; mais lors même que nous n'y parviendrions pas,
» nous déterminerons avec le temps l'orbite qu'elle parcourt,
» nous fixerons sa masse et celle de l'Etoile autour de laquelle
» elle se meut. »

On voit, par cette partie du rapport du savant directeur de l'Observatoire impérial, que l'étoile Sirius préoccupe vivement les astronomes modernes, et que pour éclaircir le mystère qui entoure les mouvements de cet éclatant soleil situé dans des régions si éloignées de nous, il est nécessaire d'apporter à nos moyens d'observations tous les perfectionnements possibles.

D'après Bessel, les irrégularités observées dans le mouvement propre de Sirius, sont en effet dues au mouvement de cette étoile autour d'un centre obscur attirant.

Bessel était convaincu, dit M. de Humboldt, que les étoiles dont les mouvements propres présentent des variations sensibles, appartiennent à des systèmes qui occupent des espaces assez faibles, relativement aux énormes distances mutuelles des étoiles.

Le corps attirant, disait l'illustre directeur de l'Observatoire de Kœnigsberg, doit être, ou situé très près de l'étoile accusant des variations sensibles dans son mouvement propre, ou se trouver très-près de notre Soleil. Mais, dans ce dernier cas, il aurait une masse considérable, et l'on ne comprend pas comment un corps de très-grande masse, placé à une petite distance du Soleil, ne déterminerait pas, dans les mouvements de notre système, des perturbations que l'observation n'a jamais accusées. Il faut donc en conclure que le corps attirant est très-près de l'étoile elle-même.

M. Struve éleva des doutes sur les résultats obtenus par Bessel, et un an après la mort de ce savant astronome, il engagea M. Fuss à chercher la cause des anomalies présentées par Sirius.

Les résultats de M. Fuss furent, comme le pensait M. Struve, contraires aux hypothèses admises par le directeur de l'Observatoire de Kœnigsberg.

Mais un grand travail présenté, en 1851, par M. Peters,

directeur de l'Observatoire d'Altona, et les recherches auxquelles, de son côté, s'est livré M. Schubert, calculateur du *Nautical almanach* des Etats-Unis, ont paru donner raison à Bessel.

En discutant, en effet, les différences d'ascensions droites de Sirius, de Procyon, de α et β d'Orion observées depuis 1755 jusqu'en 1840, et comparant ces différences observées avec les *Tabulæ Regiomontanæ*, M. Peters s'est cru en droit de conclure que les écarts entre le calcul et l'observation de Sirius s'expliquent par l'hypothèse d'une orbite elliptique que l'étoile décrirait autour du centre de gravité du système formé par cette étoile et un compagnon obscur.

Le savant directeur de l'Observatoire danois a même voulu pousser plus loin son travail, en déterminant la nature de l'orbite décrite. Il a trouvé cinquante ans pour temps de révolution, 0,8 pour excentricité de l'ellipse, c'est-à-dire que le grand axe étant représenté par cinq, le petit axe l'est par trois, et il a assigné 1791 ou 1792 pour époque d'un passage de Sirius à l'apside inférieure. Enfin, d'après la formule donnée par M. Peters, la masse du satellite obscur serait au moins égale au quart de la masse de Sirius.

Ces résultats n'ont rien qui doive étonner. Il peut en effet se faire que dans un des nombreux systèmes solaires répandus dans l'espace, il y ait une ou même plusieurs planètes dont la masse soit peu différente de celle de leur centre d'attraction. On sait alors que le soleil qui se trouverait dans ce cas ne paraîtrait pas immobile par rapport aux corps de son système planétaire, comme cela arrive pour le nôtre, mais décrirait une courbe autour du centre de gravité du système général, point très-éloigné, dans ce cas, du *centre de gravité* de l'astre radieux.

Mais, sans admettre des planètes ayant des masses presque égales à celle de leur centre d'attraction, ce qu'on pourrait peut-être trouver en opposition avec la cosmogonie des systèmes, ne peut-il pas se faire que Sirius, dans son mouvement de translation dans l'espace, ait passé dans la sphère d'attraction d'un gros astre obscur avec lequel il gravite en ce moment.

Il peut très-bien arriver, et c'était même l'opinion de Laplace, qu'il existe des masses non lumineuses dans l'univers. Ces corps sont probablement des soleils éteints continuant à graviter dans les espaces, et qui, n'en étant pas moins des centres d'attraction sont sans doute encore entourés de leur cortége funèbre de planètes. Astres sans chaleur, sans vie et sans lumière, où tout a fini de vivre, où toutes les générations ont rempli la mission que Dieu leur avait assignée, ils attendent l'époque où le changement de l'attraction en répulsion universelle permettra la décomposition de ces grands cadavres des cieux, et rendra les molécules qui les constituent aux espaces célestes jusqu'à ce qu'un nouveau changement de la répulsion en attraction générale les enchaîne de nouveau pour former de nouveaux soleils et de nouvelles planètes. Car, puisqu'ici bas tout naît, vit et meurt, ce doit être une loi générale de l'univers, et les soleils doivent aussi se renouveler comme les feuilles des arbres.

Bien que l'hypothèse d'une grosse masse obscure, à laquelle serait enchaînée Sirius, paraisse rendre compte des irrégularités observées dans le mouvement propre de cet astre, cette supposition n'a nullement satisfait l'abbé Calandrelli.

M. Leverrier vient, en effet, de présenter à l'Académie des sciences, au nom du savant directeur de l'Université romaine, un travail considérable sur la belle et mystérieuse étoile.

Dans ce mémoire, M. Calandrelli paraît démontrer que les variations périodiques de l'ascension droite de Sirius s'expliquent très-bien par un mouvement propre de cette étoile, sans avoir besoin d'imaginer un gros satellite obscur, la faisant osciller autour de sa position normale.

Lequel croire de M. Peters ou de M. Calendrelli? Pour notre part nous n'en savons rien, car leurs noms ont une autorité scientifique assez reconnue pour qu'on accorde confiance à l'un aussi bien qu'à l'autre!

En attendant cependant que la science ait définitivement prononcé sur l'exactitude du travail de M. l'abbé Calandrelli, nous conserverons la supposition du gros astre obscur dont la mystérieuse présence dans l'espace séduit davantage notre imagination.

A ce sujet, qu'on nous permette encore une dernière observation.

M. Leverrier, par la phrase que nous avons citée plus haut, laisse espérer que la science pourra peut-être un jour, en perfectionnant ses moyens optiques, permettre d'apercevoir le gros satellite obscur de Sirius, si tant est qu'il existe.

Il est facile de calculer que si notre Soleil était à une distance de nous égale à celle à laquelle se trouve la brillante étoile, il ne sous-tendrait qu'un angle égal à treize dix-millièmes de seconde. Or, d'après Arago, on ne peut apercevoir uu objet circulaire qu'autant qu'il sous-tend un angle de 60" au moins. Pour apercevoir un satellite de Sirius, gros comme notre Soleil et n'envoyant que de la lumière réfléchie, il faudrait donc employer une lunette grossissant au moins 46000 fois.

Les plus forts grossissements qu'on ait atteints ne sont, actuellement, que de 6000 fois, et encore ne les obtient-on qu'au détriment de l'intensité de la lumière reçue. Je crois donc que l'on est encore loin de l'époque où l'espoir de contempler le mystérieux compagnon de Sirius pourra se réaliser.

V.

Les Comètes nouvelles. — En fait d'astres mystérieux, il n'en est pas dont l'origine soit moins établie, dont l'apparition soit moins prévue que celle de ces immenses traînées lumineuses connues sous le nom de *Comètes*.

Ces astres ne sont plus, heureusement, un sujet d'effroi pour l'espèce humaine; la science a su calmer les terreurs ou les appréhensions que faisait naître, autrefois, l'apparition subite d'un de ces corps célestes.

Ces appréhensions étaient telles, au siècle dernier, qu'elles ont fait dire à Voltaire, en 1738, en faisant connaître à la France la *Philosophie* de Newton, dont on paraissait ignorer l'existence, bien qu'elle eût déjà plus de 50 ans d'âge :

> Comètes que l'on craint à l'égal du tonnerre,
> Cessez d'épouvanter les peuples de la Terre.
> Dans une ellipse immense achevez votre cours,
> Remontez, descendez près de l'astre du jour.

Si celui qui est peu au courant des lois de la gravitation fait encore aux astronomes le reproche de ne pas l'avoir averti qu'un de ces astres nébuleux allait paraître, il n'y voit plus au moins des présages funestes pour les hommes; à peine croit-il encore à leur influence sur les phénomènes météorologiques qui, par d'autres causes, peuvent exister lors de l'apparition d'une Comète.

L'année 1861 n'a pas été très-riche en astres de ce genre; il ne s'en est présenté que deux.

La première a été découverte à New-York le 4 avril. Sept jours plus tard elle se trouvait sous le bras gauche d'Hercule, près de l'étoile ε de cette constellation. Le 17 mai, vers 9 heures du soir, temps moyen de Paris, l'astre chevelu se trouvait au milieu de la distance de Procyon à α de l'Hydre.

D'après M. Pape, l'inclinaison du plan de l'orbite sur le plan de l'écliptique est très-considérable. Il est d'environ 80°.

L'astre s'est trouvé à son périhélie, c'est-à-dire à sa distance minimum du Soleil, vers le 3 juin; cette distance n'est inférieure que d'un dixième environ à la distance moyenne de la Terre au Soleil.

Le maximum d'éclat a eu lieu le 8 mai; c'est le moment où elle a été à sa plus grande proximité de la Terre.

Le 12 mai, à midi, temps moyen de Paris, la Comète a passé à son nœud, c'est-à-dire, qu'elle a traversé le plan de l'écliptique. Sa distance au Soleil, à ce moment, était à peu près égale à celle de la Terre à l'astre radieux. On voit par là que la Comète a presque traversé la route que décrit notre globe, lequel s'est trouvé au point où a passé l'astre rapide, vers le 15 avril.

Il s'est donc présenté, pour cet astre, une circonstance analogue à celle signalée pour la Comète périodique de Gambart.

Le 29 octobre 1832, cette dernière Comète a passé, en effet, non loin du point de l'écliptique où la Terre s'est trouvée un mois après.

Bien que la Comète I de 1861 ait été visible à l'œil nu, elle a passé presque inaperçue pour la plupart.

D'après M. Tempel, de Marseille, la nébulosité égalait à peu près la Lune en grandeur; la queue mesurait une étendue 7 à 8 fois plus considérable, mais d'une largeur relativement beaucoup moindre; aussi le phénomène présentait-il, d'après le jeune astronome, l'aspect d'une boule empalée sur un bâton.

La deuxième Comète. — Il paraît que, décidément, nous ne devons pas voir la belle Comète de Charles-Quint, dont on attend le retour depuis si longtemps.

Elle se sera peut-être dissipée dans les espaces célestes, ou bien l'attraction de quelque grosse planète extra-neptunienne de notre système, l'aura tellement dérangée de sa route que, si elle revient nous visiter, personne ne la reconnaîtra.

La belle Comète qui s'est montrée inopinément à nous, le 30 juin, a donné un moment d'espoir.

Un savant, que son esprit a rendu populaire, a même cru reconnaître la Comète attendue.

« L'état actuel de cette Comète, probablement celle de » Charles-Quint, » a-t-il dit, en venant annoncer la bonne nouvelle à l'Académie, « donne un démenti formel à ceux qui » veulent que ces astres aillent en se disséminant et en se » perdant de plus en plus dans l'espace. »

Il a été sur le point d'ajouter : la voilà qui arrive à toute vitesse; voyez, elle est aussi brillante qu'en 1556; ce voyage de 305 ans n'a ni ralenti sa marche, ni blanchi sa chevelure.

Et remarquez quelle précision ! elle se présente juste au point où M. Hind avait dit qu'elle devait apparaître, entre ζ et δ du Cocher.

Attendons, attendons, a répondu M. Leverrier au porteur de la nouvelle; il ne suffit pas qu'on la voie au point où, d'après M. Hind, doit se montrer la Comète de Charles-Quint; il ne suffit pas que vous la reconnaissiez pour que nous soyons assurés de l'identité des deux astres; obtenons d'abord trois positions de l'astre, et nous pourrons dire ensuite si c'est bien réellement la Comète attendue.

Funeste illusion, hélas!... Trois observations, et même plus, ont été obtenues; les calculs ont été faits : ce n'est pas la Comète de 1556!....

Et d'abord, l'astre chevelu du mois de juin ne s'est pas du tout montré au point assigné par M. Hind, puisqu'il a été aperçu un mois plus tôt en Australie.

C'est un amateur d'astronomie, M. Tettbutt (il paraît que ce sont décidément des amateurs qui doivent découvrir les Comètes), qui, prétend-on, l'a vue le premier, le 13 mai, à Sydney.

En fait de priorité de ces sortes de choses, on ne peut, je crois, avoir rien de certain; qui dit, en effet, que ce n'est pas quelque naturel de la Polynésie qui a eu l'insigne honneur, honneur dont il ne se doute même pas, d'avoir aperçu le premier l'astre inattendu.

Ce qu'il y a de certain, c'est que les premières observations en ont été faites, le 27 mai, par M. W. Scott, directeur de l'Observatoire de Sydney; quinze jours plus tard, à Rio-Janeiro, M. Liais a aperçu l'astre se levant le matin avant le lever du Soleil; et dix-neuf jours après, c'est-à-dire trente-quatre jours après les observations de M. Scott, l'infatigable

M. Goldschmidt a aperçu, à Paris, la Comète à travers les lourds nuages qui, à cette époque, ont encore laissé le ciel presque couvert pendant plusieurs jours.

L'astre a été vu presque en même temps, dit l'abbé Moigno, à Copenhague, à Rome, à Lisbonne et à Montpellier.

On assure même que M. Lescarbault l'a aussi aperçu le 30 juin! Il a celà de commun avec beaucoup de gens; mais c'est toujours une compensation à la perte probable de son pauvre Vulcain.

Quand elle s'est montrée en Europe, la brillante Comète de l'été dernier s'étendait sur une longueur de 35° et une largeur de 4°. Légèrement convexe vers la gauche du spectateur, dit M. Goldschmidt, et un peu courbée vers la droite, à l'extrémité de la queue, elle atteignait presque l'étoile polaire.

L'enveloppe lumineuse, s'étalant en éventail du côté du Soleil, était plus visible à droite du noyau qui, quoique très-brillant, n'offrait rien de remarquable à ce moment.

Sous le beau ciel de Rome on a pu distinguer deux queues : une longue de 45°, large de 8° et ayant quelques ondulations; l'autre plus faible et plus droite, mais s'étendant sur une longueur de 118°.

Du 1er au 7 juillet, le noyau a éprouvé des changements notables; ainsi, le 1er juillet, sous une forme ovale, son grand diamètre était de 10″, ce qui fait à peu près 200 lieues pour diamètre réel. Le soir du même jour, il n'était plus que de 2 à 3″, et le 7, enfin, il ne mesurait plus qu'une seconde.

D'après M. Hind, le noyau n'avait pas plus de 160 lieues d'étendue. M. Faye dit avoir été surpris de son peu de largeur.

Dans la nuit du 2 juillet, la queue, qui avait augmenté en

largeur, avait environ 5° près de l'étoile λ du *Dragon*, c'est-à-dire à 20 degrés du noyau.

Cette étoile, dit toujours M. Goldschmidt, marquait l'endroit où les deux branches de la queue étaient visiblement séparées. Celle au sud, très-large, peu lumineuse, se perdait dans l'espace par une longueur de 20°; celle au nord allait jusqu'à 75°.

Des ondulations se faisaient remarquer dans les contours de la branche nord qui paraissait avoir une assez grande déchirure. A partir des points δ et η du *Dragon*, cette partie de la queue était droite et uniforme et s'étendait jusqu'au quadrilatère d'*Hercule*.

Cette description de la queue de la Comète de juin, donnée en substance dans la Revue scientifique *le Cosmos*, s'accorde avec celles fournies par d'autres observateurs.

Les *Astronomiche Nachrichten* du mois d'octobre contiennent une lettre du père Capelletti, astronome-amateur au Chili. Cette lettre, qui donne la description de l'astre et de ses mouvements dans la voûte céleste pendant le mois de juin, est accompagnée d'une carte avec dessins.

Ni les deux branches si nettement définies par M. Goldschmidt, ni les ondulations de la partie nord ne sont indiquées par le P. Capelletti, qui n'avait du reste à sa disposition que des instruments fort incomplets. Toutefois, il a noté qu'un rayon lumineux bien tranché partait du noyau et s'étendait au milieu de la queue jusqu'à une assez grande distance. Ce rayon était d'autant plus brillant, ajoute-t-il, qu'il trouvait un contraste dans l'ombre du noyau même qui divisait la queue par le milieu.

La figure de la queue, dit le père Secchi, en reproduisant la lettre que nous venons de citer, s'accorde assez bien avec celle que nous avons vue, en prenant en considération, cependant, le passage de la Terre à travers le plan de l'orbite, passage arrivé le 29 juin et qui a produit :

1° Une superposition des deux branches; 2° un renversement dans les jours suivants, de sorte que la branche de l'est a passé à l'ouest.

Enfin, dit-il, le rayon lumineux vu dans l'espace des deux queues est remarquable, car il rappelle ce qui a été observé par sir J. Herschel, au Cap, dans la Comète de Halley, en 1835.

Les *Astronomiche Nachritchen* contiennent aussi une carte et de très-beaux dessins résultant des observations faites à l'Observatoire du Collége Romain.

Les nébulosités qui ont entouré le noyau ont pris des aspects excessivement remarquables. On y voyait, comme dans la Comète de Halley, ces magnifiques aigrettes tournées en éventail du côté du Soleil et opposées à ce rayon lumineux dont a parlé le père Capelletti.

Tout en conservant cet aspect général pendant la durée de l'apparition de l'astre, la nébulosité a pris successivement des formes excessivement variées, formes déterminées par les différentes faces que nous présentait la Comète dans son mouvement, et par les jeux de la lumière solaire éclairant d'une manière différente la chevelure et la queue. Du reste, sous l'influence de l'attraction de la chaleur solaire et d'autres causes dont on n'a pas encore bien déterminé la nature, cette nébulosité a pu changer réellement de forme et de grandeur.

Ainsi, dans les dessins faits par l'Observatoire du Collége Romain, on voit que les aigrettes du *1er juillet* ont varié dans l'espace de quelques heures d'une manière étrange.

Par des études faites sur les Comètes de 1858, 1860 et 1861,

M. Schmidt a pu déterminer la vitesse avec laquelle la matière sort du noyau des Comètes pour former la nébulosité qui entoure la tête et la queue.

Il a trouvé, par exemple, qu'en octobre 1858, la vitesse avec laquelle la matière sortait du noyau de la Comète alors visible était de 535 mètres par seconde, c'est-à-dire plus considérable que la vitesse du boulet au sortir de la pièce.

Nous avons dit que la belle Comète de juin 1861 n'avait rien de commun avec celle de Charles-Quint.

Les courbes paraboliques déterminées par MM. Pape, Seeling, Hubbard, etc., sont presque toutes identiques. Elles donnent, pour inclinaison du plan de l'orbite, 85° 38′ environ, c'est-à-dire que ce plan est presque perpendiculaire au plan de l'écliptique. La distance minimum de la Comète au Soleil est de 0,82, le rayon moyen de l'orbite terrestre étant 1. Or, on sait que l'inclinaison du plan de l'orbite de la Comète de février 1556 est de 32° environ, et que sa distance périhélie n'est que de 0,4639. Ainsi, pour la Comète de l'été dernier, les deux éléments paraboliques que je viens de citer sont non-seulement différents de ceux de la Comète de Charles-Quint, mais n'ont d'analogie avec aucune des Comètes apparues jusqu'ici.

Quelques astronomes ont voulu s'assurer si une orbite elliptique ne satisferait pas mieux aux observations qu'une orbite parabolique. Nous avouons, à regret, que les calculateurs ne sont pas complètement d'accord sur un élément important, le temps de révolution de l'astre.

Les éléments elliptiques donnés d'abord par M. Pape ne s'accordent nullement avec les éléments paraboliques qu'il a plus tard obtenus. Aussi assignait-t-il 1849 ans, environ, pour le temps de révolution de l'astre qui, d'après cela, eut été témoin, à son avant-dernière apparition, des premiers efforts du Christianisme sur la civilisation de l'homme.

M. Virgilio Trettenero, astronome de l'Observatoire de Padoue, a trouvé des éléments elliptiques qui s'accordent assez bien avec les éléments paraboliques généralement adoptés. Il assigne 181 ans 3 mois au temps de révolution de la Comète.

Enfin, M. Auwers, de Kœnigsberg, en corrigeant les observations de M. Moesta des 10 et 12 juin, et en les combinant avec les observations des 11 et 13 juin faites par M. Liais, au Brésil, pour en former un premier lieu moyen relatif du 12 juin, en joignant à cette observation moyenne les deux positions déterminées le 23 juillet et le 30 août (ce qui donne, comme on le voit, des intervalles assez considérables), a trouvé des éléments elliptiques plus en accord avec les éléments paraboliques que ceux de M. Trettenero.

Il a trouvé pour temps de révolution de l'astre 601 ans et pour demi-grand axe soixante-onze fois le rayon de l'orbite terrestre. Avec la distance périhélie que nous avons donnée, 0,82, distance qui est aussi celle relative aux éléments elliptiques, l'astre s'éloignerait du Soleil à une distance égale à 141,6 rayons de l'orbite terrestre. De ce point, sa lumière mettrait à venir jusqu'à nous environ 19 heures 24 minutes; c'est encore bien loin, comme on le voit, de l'étoile la plus voisine de nous, dont la lumière met 3 ans 6 mois à nous parvenir.

Ainsi, s'il est vrai que la Comète de juin aille à cette distance énorme du Soleil, elle est encore à des distances immenses de la sphère d'attraction des autres soleils.

Mais quelque confiance que donnent les calculateurs que je viens de citer, je crois que l'on fera bien de ne pas enregistrer la Comète II de 1861 comme une Comète périodique. L'étendue de son orbite, dans tous les cas, l'envoie dans des régions qui, quoique très-éloignées de notre Soleil relativement à nous, sont à des distances où peuvent exister, ainsi que je l'ai déjà dit, des corps planétaires que nous ignorons et qui peuvent changer d'une manière inattendue la route assignée à l'astre mystérieux.

On a prétendu que la belle Comète dont nous nous occupons avait balayé de sa queue notre pauvre globe.

De sérieuses discussions se sont élevées à ce sujet. M. Valz, l'ancien directeur de l'Observatoire de Marseille, a même signalé une épidémie devant se rapporter à cette singulière circonstance. Jusqu'où, cependant, peut aller l'imagination !....

Le 28 juin, avait dit M. Hind, le noyau, distant de nous de 5 millions de lieues, est entré dans le plan de l'écliptique. A cette époque, la véritable longueur de la queue était de 5 à 6 millions de lieues. Or, le 7 juillet, la Terre est arrivée à l'endroit où, le 28 juin, l'orbite terrestre était balayée par la queue de la Comète; rien ne s'oppose donc, ajoutait l'astronome Anglais, à ce que nous ayons traversé l'extrémité de la queue.

Pour corroborer cette assertion, M. Hind affirmait que, dans la soirée du 30, il s'était produit une illumination du ciel, aperçue aussi par d'autres observateurs, et qu'il a attribuée à un effet météorologique produit dans notre atmosphère par les molécules cométaires.

En opposition à l'assertion de M. Hind, M. André Poey a fait observer que ni lui ni M. Coulvier-Gravier, l'observateur infatigable des Etoiles filantes, n'ont rien vu de semblable ni le 29, ni le 30.

Du reste, M. Pape a calculé que le diamètre vrai de la queue de la Comète dans le plan de l'orbite de la Terre, le 28 juin, à 7 heures 40 minutes du soir, et à l'endroit où la queue de l'astre chevelu rencontrait l'orbite de notre globe, était de 300000 lieues.

Douze heures après ce passage par le nœud, vers 8 heures du matin, le 29 juin, a eu lieu la distance minimum de la Terre aux particules cométaires les plus rapprochées.

Cette distance n'a pas été inférieure à 1000000 de lieues.

M. de Littrow est arrivé aux mêmes résultats que M. Pape.

Il paraît donc prouvé que nous n'avons nullement traversé la queue de la Comète, et qu'il faut attribuer à d'autres causes l'illumination de l'atmosphère signalée par M. Hind, et l'épidémie indiquée par M. Valz.

Notre proximité de l'astre, à un moment donné, a seulement permis de noter les perturbations sensibles éprouvées par la Comète dans son mouvement, perturbations causées par l'attraction de notre globe.

Avant de quitter la brillante Comète que nous ne devons jamais revoir, je crois devoir encore indiquer que le père Secchi a trouvé, pour limite supérieure de la masse de cet astre, deux millionièmes de la masse de la Terre; ce qui donnerait, pour poids de la Comète, 11762 billions de tonneaux de mille kilogrammes.

Cette limite est peu en accord avec ce que John Herschel pensait de la masse des Comètes, ne devant peser, d'après lui, que quelques onces; et aussi de ce qu'en a dit M. Babinet, qui appelle ces astres des *riens visibles*.

Du reste, cette limite supérieure du P. Secchi n'indique pas la masse réelle de la Comète et n'infirme pas, d'une manière absolue, les opinions d'Herschel et de M. Babinet;

toutefois, il est bon de faire remarquer que les astronomes évaluent la masse de la Comète de Encke à 0,001 de celle de la Terre, c'est-à-dire à une quantité 500 fois plus forte que la limite supérieure que nous venons d'indiquer.

VI.

La Comète périodique de D'Arrest. — Les Comètes seront longtemps encore un sujet de rudes labeurs, de méditations profondes, d'hypothèses plus ou moins satisfaisantes.

D'où viennent ces astres mystérieux ?

Quelle est leur origine ?

Pourquoi y en a-t-il de réellement périodiques, c'est-à-dire dont les retours peuvent être prédits, tandis que d'autres, qui semblaient devoir être classés dans la même catégorie, disparaissent sans revenir au point que la science leur avait assigné ?

Quelle est la cause réelle de la variation que semblent éprouver, dans certains de leurs éléments, deux des Comètes périodiques découvertes dans notre siècle, variations que l'attraction universelle est impuissante à expliquer ?

Sous quelle influence les queues cométaires se forment-elles si rapidement, à mesure que l'astre se rapproche du centre d'attraction, et prennent-elles une direction complètement opposée au Soleil ?

A quoi, enfin, peut-on attribuer la forme générale observée dans les nébulosités des Comètes et les rapides changements qu'on y découvre ?

A toutes ces questions la science ne peut encore répondre d'une manière satisfaisante. Mais en attendant que le jour apparaisse, en attendant que les révélateurs se fassent entendre, *étudions*, *cherchons* et surtout *observons*.

Avant de rechercher les *causes*, caractérisons bien les effets et interprétons bien la grande loi newtonienne.

Déjà des calculs excessivement laborieux permettent de constater les changements qu'éprouvent les élements des Comètes périodiques, en raison de l'attraction des planètes connues de notre système ; on donne ainsi, aux observateurs, le moyen de retrouver l'astre dans la voûte céleste, quand, à chaque période, il revient à une distance de la Terre qui permet de l'apercevoir.

Par ses laborieux calculs, M. Y. Villarceau avait conclu que la Comète périodique de D'Arrest, à son retour en 1857, ne serait visible que dans l'hémisphère sud et que son éclat serait très-faible. Grâce aux éphémérides publiées par ce savant astronome, M. Maclear, directeur de l'Observatoire du Cap de *Bonne-Espérance*, trouva immédiatement, au lieu et à l'époque désignés, l'astre dont l'éclat était en effet excessivement faible.

Presque perdue à son second retour, la Comète le serai tout-à-fait à son troisième, si l'infatigable collaborateur de M. Leverrier n'avait pas déterminé les nouvelles perturbations éprouvées par l'astre nébuleux.

M. Y. Villarceau vient, en effet, d'annoncer que la Comète s'est beaucoup rapprochée de Jupiter. Elle est, en ce moment, quinze fois plus près de cette planète que du Soleil. Elle subit donc, dans des proportions considérables, l'influence de ce géant du monde planétaire, comme l'appelle l'abbé Moigno.

Par suite de cette attraction, le mouvement moyen de l'astre est grandement modifié, l'inclinaison du plan de l'orbite a varié de 2 degrés ; son passage au périhélie est avancé de 49 jours.

L'orbite que décrit en ce moment la Comète est donc réellement différente de celle qu'elle décrivait à sa dernière apparition; aussi, sans les calculs de M. Y. Villarceau, serait-elle peut-être, en raison de son peu de visibilité, complètement perdue.

A ce sujet de modifications si notables éprouvées par les éléments d'une Comète, par suite des attractions développées sur elle par les astres connus de notre système planétaire, on peut se demander quelle énorme perturbation peut subir un de ces astres chevelus, à longue période, lorsque étant, par exemple, à sa plus grande distance du Soleil, lorsque sa vitesse dans l'espace s'est considérablement ralentie, il se trouve peu éloigné d'un corps planétaire considérable dont l'existence ne nous a pas encore été révélée.

Avant le 13 mars 1781, on ignorait complètement l'existence de la planète Uranus dont la masse est 15 fois plus considérable que celle de la Terre, dont l'année dure 84 fois autant que la nôtre, et qui est 19 fois plus éloignée du Soleil que nous ne sommes !

Avant 1846, on n'avait aucune certitude sur l'existence de la planète Neptune dont la masse est environ 25 fois celle de la Terre, qui est 30 fois plus éloignée du Soleil que nous ne sommes, et qui met 164 de nos années à faire sa révolution autour de l'astre radieux.

Certes, si l'on pouvait faire savoir à Lahire, à Cassini, à Halley, à Fontenelle, etc., que nous connaissons des corps célestes de dimensions beaucoup plus considérables que celles de la Terre, décrivant à des distances énormes leur immense orbite autour du Soleil, quel ne serait pas leur profond étonnement, si, toutefois, ils n'ont point appris les grandes nouvelles astronomiques dans les plaines heureuses de l'Elysée !

Eh bien ! pourquoi Neptune serait-il donc le dernier mot du système planétaire ? Pourquoi le nombre des grands corps célestes, satellites de notre Soleil, s'arrêterait-il *à huit;* n'est-il pas, au contraire, probable qu'il y en a davantage.

Qui dit alors que Jupiter est le plus considérable des corps qui gravitent autour de l'astre éclatant, et qu'il n'existe pas, par delà Neptune, d'autres géants planétaires que la lunette heureuse d'un Herschel ou l'analyse puissante d'un Leverrier doit un jour découvrir?

Dans des régions où les vitesses des corps célestes sont relativement faibles, l'attraction des masses inconnues a plus de puissance et les perturbations sont évidemment plus considérables.

Il n'est donc pas étonnant, dans cette hypothèse, que les Comètes qui atteignent ces régions inexplorées éprouvent, dans leur route, des déviations telles que nous ne pouvons les reconnaître quand elles viennent de nouveau visiter les parages où nous gravitons.

Peut-être enregistrons-nous, comme nouvelles, des Comètes que les générations qui nous ont précédés avaient déjà aperçues !...

VII.

Accélération de la Comète de Faye. — Encore un effet dont la cause est inconnue, et qui se fait sentir dans la Comète périodique de Faye, comme on l'a déjà observé dans la Comète de Encke.

M. Axel Möeller, savant Suédois, vient de déterminer, par une étude approfondie de trois apparitions de la Comète périodique de Faye, que cette Comète a, comme celle de Encke, une *accélération croissante* avec le temps, se manifestant surtout dans l'accélération du mouvement moyen.

Les deux premières apparitions ont servi à fixer les éléments de l'ellipse qui représente la course de la Comète en 1851.

En ayant ensuite égard à toutes les perturbations exercées par les planètes qui ont une action sensible, et en faisant des éphémérides pour 1858, basées sur l'orbite de 1851 ainsi corrigée, l'observation a constaté que les positions calculées étaient *en retard* sur les positions observées. Ainsi M. Möeller a trouvé que depuis le 8 septembre 1858 jusqu'au 16 octobre de la même année, la différence entre l'ascension droite calculée et celle observée a varié d'une manière croissante depuis — 44′ 57″,8 jusqu'à — 47′ 10″,8; les différences entre les déclinaisons calculées et observées ont varié d'une manière continue depuis + 5′ 40″ jusqu'à + 7′ 40″,6. L'observateur a donc trouvé l'astre, en 1858, par une déclinaison plus forte que celle assignée par le calcul, et par une ascension droite plus faible.

En appliquant à l'astre rebelle les formules adoptées par M. Encke pour sa Comète, formules basées sur l'existence d'un *milieu résistant*, M. Möeller a vu disparaître le désaccord signalé entre la théorie et l'observation. Le savant Suédois a de plus déterminé une diminution de l'excentricité non aussi sérieusement constatée pour la Comète de Encke.

A chaque période de cette dernière Comète, période qui

dure actuellement 3 ans 3 mois ou 1210 jours, le mouvement moyen augmente de 0″,1, l'angle d'excentricité diminue d'environ 3″,5.

Pour la Comète de Faye, M. Möller a trouvé qu'à chacune de ses périodes, qui durent 7 ans 1/2 environ, le mouvement moyen augmente de 0″,24 et l'angle d'excentricité diminue de 34″,6. On voit que si la période de la Comète de Faye est à peu près le double de celle de la Comète de Encke, l'accélération du mouvement moyen de la première est aussi double de l'accélération du mouvement moyen de la seconde; mais la diminution de l'angle d'excentricité est bien plus considérable pour la Comète de Faye que pour la Comète de Encke, bien que l'orbite de cette dernière soit plus allongée que celle de la première.

Ainsi, les deux Comètes périodiques dont nous nous occupons ont un mouvement moyen qui s'accélère, phénomène qui n'existe pas pour les planètes, ou du moins qui n'est pas sensible; leur distance moyenne au Soleil va donc en diminuant à mesure que leur orbite devient de plus en plus circulaire; il arrivera donc une époque, fort éloignée il est vrai, mais que la science pourra assigner quand la loi de variation de ces accélérations sera connue, où les deux astres viendront se réunir au Soleil.

Cette action troublante qu'éprouvent ces deux astres et qui se fait sentir au-delà de l'orbite de Mars, ainsi que viennent de le prouver les calculs de M. Axel Möller, a donné lieu, naturellement, à plus d'une hypothèse.

M. Encke a admis l'existence d'un milieu résistant dans lequel graviterait tout le système planétaire, et c'est sur cette hypothèse, ainsi que je l'ai dit plus haut, qu'il a basé les calculs à l'aide desquels il a pu faire accorder la prédiction et l'observation.

M. Faye n'a pas adopté le milieu résistant, mais a admis *une force répulsive* émanant de la surface incandescente du Soleil. Il a même fait, à ce sujet, plusieurs expériences qui, bien que fort ingénieuses, n'ont pas encore été très-concluantes.

La force répulsive, dont la première idée remonte à Képler, et qui a été ensuite reproduite par Euler et par Laplace, n'a pas été goûtée par tous les astronomes modernes, et entre autres par M. *Plana,* de *Turin.*

Le savant astronome piémontais a publié, à ce sujet, un mémoire dans lequel, après avoir établi la relation qui doit exister entre l'*accélération du mouvement moyen* et la diminution de l'excentricité, il croit pouvoir conclure que si pour les deux Comètes périodiques de *Encke* et de *Faye* on veut déduire la diminution de l'excentricité de la valeur attribuée à l'accélération du *mouvement moyen,* on obtient des résultats plus concordants avec l'observation, dans l'hypothèse du milieu résistant, que dans celle de la *force répulsive.*

En réfutant avec son habileté ordinaire les conclusions de M. Plana, M. Faye fait observer que le milieu résistant est, d'après le savant astronome de Turin, une sorte d'atmosphère entourant le *Soleil,* et que, par conséquent, dans les équations différentielles du mouvement des Comètes considérées, il fallait introduire le mouvement du milieu qui, d'après les lois de l'attraction, doit, ou tomber sur le Soleil, ou circuler autour de lui. M. Faye assure qu'en introduisant dans les équations de M. Plana le mouvement de ce milieu, on arrive à des conclusions bien différentes de celles auxquelles le savant Italien est arrivé.

Déjà, dans une note insérée dans les *Comptes-Rendus* du 29 mars 1858, M. Faye avait discuté l'hypothèse du milieu résistant, avec laquelle M. Encke veut expliquer l'accélération *incontestable* du mouvement de la Comète.

Après avoir rappelé l'opinion contraire de l'illustre Bessel, à ce sujet, le savant astronome Français discuta longuement les faits qui sont en opposition avec l'existence de ce milieu. Il fit voir : que cette hypothèse ne rend nullement compte *du retard* indiqué, au contraire, par M. Leverrier, dans le mouvement moyen de Mercure; que, si ce milieu est immobile, malgré l'attraction solaire, on ne peut comprendre le faible ralentissement du mouvement de Mercure; que, si ce milieu est en mouvement, l'accélération de la Comète de Encke ne doit plus être ce qu'indique l'observation.

Il fit en outre observer que l'hypothèse du milieu résistant ne rend nullement compte de la formation des immenses appendices désignés sous le nom de *queues*, dont la direction est toujours opposée au Soleil et qui, au moment du passage de l'astre au périhélie, se développent avec une vitesse telle que pour la Comète de Donati elle était d'environ 8 lieues par seconde, c'est-à-dire un peu supérieure à la vitesse de la Terre dans son orbite.

M. Faye voit, dans la formation des queues cométaires, la manifestation d'une force répulsive qui semble émaner du Soleil. En appliquant à la Comète de Encke les formules données par Laplace dans le tome IV de sa *Mécanique céleste*, formules relatives à l'action de corpuscules incessamment lancés par le Soleil avec une vitesse de 77000 lieues par seconde, vitesse égale à celle de la lumière, M. Faye a retrouvé l'accélération du mouvement moyen donné par M. Encke, ainsi que la diminution de l'angle d'excentricité. Aussi, il en conclut que l'impulsion des *rayons solaires* peut, non-seulement rendre compte du *raccourcissement de la période,* mais aussi expliquer, chose que ne fait pas le milieu résistant, la formation des queues des Comètes et leur direction à l'*opposée du Soleil.*

Les raisons données par M. Faye ont été combattues par M. Leverrier, et néanmoins l'idée d'une force répulsive a réuni le plus de partisans.

On voit donc que, relativement à la cause des phénomènes observés sur les deux Comètes périodiques de Encke et de Faye, la partie est sérieusement engagée entre les sommités de la science astronomique.

Existe-t-il, en effet, un milieu résistant immobile enveloppant le Soleil à une distance s'étendant au-delà de l'orbite de Mars et capable d'avoir une action marquée sur le mouvement des Comètes ? Ou bien, les phénomènes constatés par l'observation sont-ils dus à une action répulsive développée par les surfaces incandescentes et dont le Soleil, en raison de son immense surface et de sa haute température, est doué d'une manière particulière ?

C'est ce qu'on saura sans doute un jour !!

Peut-être aucune des deux hypothèses présentées n'est-elle ondée !

Puisque nous sommes au chapitre des hypothèses, il en est une troisième que l'on pourrait faire, mais que je n'ose hasarder que timidement, en présence des noms que je viens de citer.

La force *répulsive,* qui se manifeste d'une manière si nette dans les molécules des corps gazeux, ne remplacerait-elle pas la force *attractive* que développent les molécules du corps à l'état solide ou liquide ?

Quelqu'un a-t-il, jusqu'à présent, fait voir que les molécules d'un corps arrivé à l'état gazeux développent, extérieurement, la même attraction que celle qu'elles exerçaient lorsque le corps était à l'état solide.

Les expériences de Cavendish et de Reich pour déterminer la densité moyenne de notre globe, n'ont mis en évidence que l'*attraction* développée par les corps solides; les corps liquides et gazeux n'ont été nullement mis en jeu; on ne peut donc, à ce sujet, rien conclure.

Ne peut-il pas alors se faire que la matière gazeuse d'une Comète, en mouvement dans l'espace par l'action attractive du Soleil, développe sur l'astre central une *répulsion agissant en raison inverse du carré de la distance*.

Cette répulsion, *en réagissant* sur la *Comète,* devrait produire sur cet astre des effets tout semblables à ceux que produirait une force répulsive émanant de la surface incandescente du Soleil, c'est-à-dire, donnerait lieu aux accourcissements observés dans les Comètes périodiques dont nous venons de nous occuper, et serait la cause de la formation de ces immenses appendices cométaires qui se développent si rapidement lors du passage de la Comète à son périhélie.

VIII.

Les Planètes télescopiques. — L'année 1861 marquera certainement comme une année riche en découvertes de petites planètes. Dans notre Revue de 1860 nous signalions le nombre énorme 62, auquel on était arrivé ! Nous voici à la 71e !... On en a donc découvert, cette année, le même nombre que pendant 1857, année qui, à ce sujet, passait en première ligne; si cela continue ainsi, il arrivera certainement une époque où les astronomes se trouveront embarrassés de tant de richesses !! L'excès en tout est un défaut, même en planètes!..

La 63e a été découverte par M. de Gasparis, de Naples, le 11 février, à 1 heure 45 minutes du matin, temps moyen de Paris. C'est la 8e planète découverte par cet astronome. Quand il l'a aperçue, elle se trouvait dans la patte gauche de derrière du Lion, près de l'étoile τ de cette constellation; son mouvement apparent était rétrograde.

Elle a reçu de M. Capocci, invité par M. de Gasparis à en être le parrain, le nom d'*Ausonia.*

Ce n'est pas en honneur du poëte latin Ausone, l'auteur du distique latin qui concerne l'ordre des constellations zodiacales, que ce nom lui a été donné; c'est en honneur de l'Ausonie, pays des Ausones, peuple d'Italie qui habitait le long de la mer Tyrrhénienne, et duquel Vénus, implorant Jupiter pour les Troyens, dit à son père, dans l'*Enéide :*

...... Magna ditione jubeto
Carthago premat Ausoniam; nihil urbibus indè
Obstabit Tyriis........

Huit observateurs de divers points du globe ont déterminé ensuite des positions de l'astre, dont les éléments ont été obtenus par MM. Krueger et Tietjen.

L'inclinaison du plan de l'orbite est de 5° 45′ 25″,2; l'excentricité, c'est-à-dire la distance relative du Soleil au centre de l'ellipse, est de 0,1273, et la distance moyenne, c'est-à-dire le demi grand axe, de 2,397, celle de la Terre au Soleil étant prise pour unité; son mouvement moyen est de 956″.

La 64e et la 65e ont été découvertes à quelques jours d'intervalle, le 4 et le 9 mars, à Marseille, par M. Tempel. Ces deux planètes télescopiques ont reçu le nom, la première, d'*Angelina*, en l'honneur du petit observatoire provisoire érigé par M. le baron de Zach à Notre-Dame-des-Anges; la seconde, de *Maximiliana*, en l'honneur de la famille royale de Bavière.

Quelques savants n'ont pas trouvé ces noms convenables, comme ne continuant pas la série des noms mythologiques ou historiques adoptés jusqu'ici.

M. R. Luther, directeur de l'Observatoire de Bonn, a même fait paraître, dans les *Astronomiche Nachrichten*, une protestation contre les dénominations d'un genre hybride; il ne veut accepter que des noms classiques choisis dans l'histoire, la géographie ou la mythologie.

M. Leverrier tranche la question d'une autre manière; il ne veut pas de noms particuliers, et cela en raison de l'accroissement constant du nombre de ces petits astres. Il pense qu'un numéro indiquant l'ordre de la découverte et le nom de l'auteur est une dénomination bien plus rationnelle que tous ces noms qui rappellent des choses ou des personnes n'ayant aucune analogie ou relation avec l'objet actuellement désigné. Il trouve que la dénomination de (28) *Luther*, consacre bien mieux que *Bellone* l'ordre de la découverte et le nom de l'auteur.

Angelina a ensuite été observée, d'après les indications de M. Tempel, par six observateurs, la plupart Russes ou Allemands. Ses éléments ont été calculés par M. le docteur Forster; l'inclinaison est fort peu de chose, 1° 19′ 40″, l'excentricité à peu près égale à celle d'Ausonia, et la distance moyenne égale à 2,678.

Maximiliana a été observée successivement par cinq observateurs. Ses éléments ont été calculés par M. Schmidt. L'inclinaison est peu considérable, 3° 29', l'excentricité 0,1407 et la distance moyenne 3,452. C'est la plus grande distance moyenne des planètes télescopiques connues, aussi son mouvement moyen est-il le plus faible, 553",149.

La 66e a été découverte à l'Observatoire de Harvard-Collége, de Cambridge, par M. Tuttle. Elle a reçu le nom de *Maïa*.

Maïa, fille d'Atlas et de Pléione, fut aimée de Jupiter et devint mère de Mercure. L'une des pléiades porte aussi le nom de Maïa.

La petite planète n'a pas encore été observée dans des Observatoires autres que celui de Cambridge. Les éléments ont été calculés par M. Asap Hall. L'inclinaison est très-faible, 3° 4' 8" seulement; l'excentricité 0,1542; la distance moyenne 2,653, et son mouvement moyen 820",7.

La 67e a été découverte le 17 avril, à Madras, par M. Pogson, directeur de l'Observatoire de cette ville. Elle a été appelée *Asia*, probablement parce que c'est la première petite planète découverte en Asie.

Elle a été observée par deux autres astronomes, dont un est l'infatigable docteur Forster.

Ses éléments ont été calculés d'abord par M. Seeling, et ensuite par M. Tietjen d'une manière plus exacte. L'inclinaison est de 5° 57', l'excentricité 0,1876 et la distance moyenne 2,415.

La 68e a été découverte à minuit et demi, à Bonn, le 29 avril, par M. Luther, auquel on devait déjà dix de ces astéroïdes.

Les astronomes de l'Observatoire de Bonn l'ont appelée *Leto*, c'est-à-dire Latone, fille de Cœus et de Phébé, mère d'Apollon et de Diane. Elle a été observée par 5 observateurs différents, qui ont fourni 11 groupes d'observations. Les éléments ont été calculés deux fois par M. Seeling; la seconde orbite donne une inclinaison de 7° 58′ 20″, une excentricité de 0,1856, une distance moyenne de 2,774 et un mouvement moyen de 767″,6.

La 69e a été découverte à Milan par M. Shiaparelli, le 29 avril, le même jour que M. Luther découvrait la 68e à Bonn; c'est une particularité qui ne s'était pas encore présentée. Elle était, au moment de sa découverte, très-peu éloignée d'Ausonia, c'est-à-dire qu'on l'a aperçue au nord de cette planète, à une distance égale aux 2/3 du diamètre de la *Lune*.

Elle a reçu le nom d'*Hesperia*, sans doute en l'honneur du nom sous lequel les Grecs désignèrent d'abord l'Italie.

Elle a été observée, depuis sa découverte, par six observateurs différents, qui ont fourni 12 groupes d'observations.

Ses éléments ont été calculés par MM. Shiaparelli, Hopff, Schjellerup et Tischler; comme les éléments donnés par MM. Hopff et Schjellerup sont les seuls qui s'accordent, ils doivent être les plus exacts. L'inclinaison est de 8° 27′ 6″, l'excentricité de 0,174 et la distance moyenne de 3,06.

Quelques astronomes ayant pensé qu'Hesperia et Daphné étaient la même planète, bien que les éléments obtenus pour ces deux astres soient réellement différents, M. Luther a calculé la position d'Hesperia pour le 1er juin 1856, époque d'une observation de Daphné, quelques jours après sa découverte par M. Goldschmidt. M. Luther a trouvé, pour cette position, 12 heures 48 minutes d'ascension droite et 0° 49′ de déclinaison *Sud*.

La position de Daphné, à cette époque, était de 10 heures

35 minutes d'ascension droite et de 10° 56' de déclinaison *Nord.*

Ainsi, dit M. Luther, Hesperia et Daphné sont bien deux planètes distinctes. Pour que l'ascension droite d'Hesperia fût égale à celle de Daphné au 1er juin 1856, il faudrait que son mouvement moyen fût de 60 secondes plus grand que M. Hopff ne l'a trouvé, supposition qui paraît inadmissible; et, en admettant même cette correction, la déclinaison n'en resterait pas moins avec une différence de 3 degrés.

Le 5 mai, en cherchant Daphné, sa planète perdue, M. Goldschmidt a trouvé la 70e du groupe et la 14e de celles qu'il a été assez heureux de découvrir. Le petit astre se trouvait près de α de la Balance. Il a reçu le nom de *Panopea,* fille de Nérée et de Doris. Trois observateurs, autres que M. Goldschmidt, ont fourni quatre groupes d'observations. Les éléments ont été calculés par M. le docteur Forster.

L'inclinaison du plan de l'orbite n'est pas si considérable que le pensait l'auteur de la découverte; elle est de 11° 14' 37''; l'excentricité est assez forte, relativement, elle est de 0,2235; toutefois le petit axe est les 0,97 du grand. La distance moyenne est de 2,670. Son mouvement moyen de 813''.

La dernière petite planète trouvée cette année, la 71e du groupe, a été découverte par M. Luther le *15 août.*

Le 17 août, M. Leverrier, qui, non content de découvrir les astres à l'aide de ses puissants calculs, veut aussi les regarder dans les lunettes officielles, en a fait des observations personnelles.

La planète favorisée a reçu le nom de *Niobé,* fille de Tantale et épouse d'Amphion, roi de Thèbes.

Trois astronomes ont observé le nouvel astre, et MM. Auwers et Tietjen, chacun de leur côté et avee des observations différentes, en ont obtenu les éléments. D'après ceux de M. Tietjen l'inclinaison du plan de l'orbite est très-grande puisqu'elle est de 23° 8′ 34″,6.

De toutes les petites planètes connues il n'y a qu'Euphrosine et Pallas qui aient une inclinaison plus considérable. L'excentricité est de 0,164 et la distance moyenne de 2,744.

M. Schönfeld prétend que Niobé a été découverte dans l'endroit où devait se trouver Pseudo-Daphné, dont les éléments sont néanmoins tout différents de la première.

En présence d'un aussi grand nombre de petits astres gravitant entre Mars et Jupiter, on comprend combien les observations et les calculs prennent aujourd'hui d'importance, en astronomie.

Pour que toutes ces conquêtes de la vision humaine ne soient pas perdues, il faut, en effet, que les astronomes s'attachent à suivre pendant longtemps cette multitude d'astres télescopiques, pour enregistrer le plus d'observations possibles, afin que l'on puisse rectifier les orbites qui ne sont encore qu'imparfaitement obtenues.

Les *Astronomiche Nachrichten* de 1861 publient un très-grand nombre d'observations de plus de 60 de ces astéroïdes, observations faites dans les différents Observatoires du globe et particulièrement avec le grand réfracteur de Berlin, par MM. Forster, Lesser et Tietjen, depuis le 25 septembre 1850 jusqu'au 25 juin 1861.

Dans le même recueil astronomique, le professeur J. Challis a communiqué les observations méridiennes de 43 de ces astéroïdes effectuées pendant les années 1855, 1856, 1857 et 1858.

On voit combien les astronomes sont actifs et veillent sur leurs conquêtes.

Du reste, on a raison, car ainsi que M. Leverrier l'a fait remarquer, plusieurs de ces petits astres n'ont pas été retrouvés.

Tous les astronomes sont d'accord qu'il faut les suivre presque constamment dans la voûte céleste. M. Airy a pris, à ce sujet, une intelligente initiative en installant, à l'Observatoire de Greenwich, un service d'observations méridiennes des astéroïdes, qui devront, aussi souvent que possible et autant que faire se pourra, *répondre à l'appel* des astronomes Anglais.

M. Leverrier fait aussi disposer à l'Observatoire impérial une grande lunette méridienne consacrée à l'observation et à la surveillance de ce troupeau astronomique, qui éveille, à si juste titre, la vigilance des astronomes de plus d'une façon. Pour que tous ces petits astres soient acquis à la science d'une manière complète, il faut, en effet, que non-seulement les orbites soient exactement connues à une époque donnée, mais encore que l'on connaisse les variations subies successivement par les éléments de ces orbites, en raison des actions perturbatrices des grosses planètes, et principalement de Jupiter et de Saturne.

On voit quelle importance acquiert aujourd'hui le calcul des perturbations planétaires.

M. Luther avait annoncé que Pseudo-Daphné pourrait être revue en juin, juillet, août ou septembre; il avait même calculé, à ce sujet, des éphémérides d'après cinq orbites hypothétiques; jusqu'à présent il ne nous est parvenu aucune observation de cette planète égarée.

A l'occasion de cette planète, la 47e du groupe, nous croyons devoir annoncer que M. Schubert, le même qui avait reconnu, par ses calculs, que Daphné et Pseudo-Daphné étaient deux planètes différentes, a choisi, pour cette dernière, d'après l'invitation de M. Goldschmidt, le nom de *Mélété*, fille de Saturne.

Depuis qu'on découvre un aussi grand nombre de ces petits astres, dont on ignorait l'existence au siècle dernier, on semble abandonner l'idée qui, d'après Olbers, les faisait considérer comme les éclats de la grosse planète qu'on supposait devoir graviter, à l'origine des mondes, entre Mars et Jupiter.

Malgré les grandes inclinaisons des orbites de certains de ces astéroïdes, malgré leurs excentricités considérables, malgré leur forme et leur grandeur si mal définies, considérations qui ne semblent pas devoir les faire entrer dans la loi de formation indiquée pour les autres planètes, dans la cosmogonie de Laplace, plusieurs savants, et entre autres M. Leverrier, ne veulent voir dans cet amas de corpuscules planétaires qu'une zone de petites planètes qui se sont formées *naturellement* dans cette région de l'espace.

Dans une lettre adressée au maréchal Vaillant, le savant directeur de l'Observatoire impérial fait savoir à l'illustre maréchal qu'en établissant sur de nouvelles bases la théorie de Mars, c'est-à-dire sur des déterminations plus certaines de la masse de Vénus et de celle de la Terre, et en comparant les positions données par cette nouvelle théorie avec les positions correspondantes fournies par des observations méridiennes de cette planète, obtenues depuis un siècle, ainsi que par des observations d'une approximation de Mars à l'étoile φ^2 du Verseau, faites en 1672, à Paris, par Cassini et Roëmer, et à Cayenne par Bouguer, on ne trouve pas l'accord que l'on pourrait désirer.

Pour représenter avec la théorie de Mars, telle qu'elle est ainsi établie, toutes les observations de la planète, il est nécessaire d'augmenter le mouvement séculaire de son périhélie.

Mais, si l'on veut rendre compte de cet accroissement par une rectification des masses de la Terre et de Vénus, on trouve qu'il faut augmenter la masse de la Terre d'*un dixième !...*

Or, comme la masse de la Terre est déterminée avec une grande précision, M. Leverrier ne trouve pas d'autres moyens, pour concilier la théorie avec l'observation, que d'admettre qu'il circule autour du Soleil, à peu près dans le plan de l'écliptique et à une distance moyenne égale à celle de la Terre, un groupe d'astéroïdes dont la masse générale est égale *au dixième* de la masse terrestre ! !

M. Leverrier trouve ainsi, qu'en attribuant à ces nouveaux groupes d'astéroïdes, et à ceux situés entre Mars et Jupiter, toute l'augmentation du mouvement du périhélie de Mars, la masse totale des petites planètes situées entre Mars et Jupiter ne peut pas dépasser environ le 1/3 de la masse de la Terre.

On voit que l'hypothèse de M. Leverrier est le pendant de celle qu'il a faite pour expliquer le mouvement du périhélie de Mercure.

Au sujet de cette question, dont nous avons parlé dans notre Revue de 1860, nous croyons devoir ajouter les obser-vrtions suivantes, présentées tout dernièrement à l'Académie des Sciences par M. le directeur de l'Observatoire impérial.

Les perturbations que les astres connus font éprouver à Mercure ne suffisent pas pour mettre d'accord la théorie et l'observation ; et l'augmentation de 38 secondes dans le mouvement séculaire du périhélie de Mercure, que M. Leverrier a trouvé nécessaire pour obtenir l'accord désiré, semble aussi indiquée par la considération dela masse de Vénus.

Cette masse, déduite de l'observation du passage de cette

planète, a été trouvée de $^1/_{448000}$, la masse du Soleil étant 1; en la déduisant de son influence sur les déclinaisons du Soleil, elle est de $^1/_{426000}$; par les perturbations périodiques qu'elle fait subir à la Terre, on trouve $^1/_{413000}$; par les perturbations périodiques qu'elle fait subir à Mars, on obtient $^1/_{412000}$; par les perturbations périodiques qu'elle fait subir à Mercure, on trouve $^1/_{411000}$. Comme on voit, ces nombres s'accordent assez bien; mais, si l'on veut déduire la masse de Vénus du déplacement séculaire du périhélie de Mercure, on ne trouve plus que $^1/_{350000}$; et, chose remarquable, ce nombre, si différent des autres, leur devient égal quand on augmente de 38 secondes le mouvement séculaire du périhélie de Mercure.

Par la chute des corps à la surface de la Terre, on trouve que l'ensemble des masses de la Terre et de la Lune est de $^1/_{354000}$; cette détermination est aussi exacte qu'on peut l'espérer. Si l'on veut déduire cette masse du mouvement du périhélie de Mars, tel qu'il est adopté, on la trouve plus grande de 1/7e et l'on ne peut arriver au nombre déterminé par la considération de la chute des graves, qu'en modifiant le mouvement du périhélie de Mars, c'est-à-dire en l'augmentant.

En résumant donc les résultats hypothétiques de ses travaux sur Mercure et sur Mars, et en remontant à la cause qui produit, pour ces deux planètes, une augmentation dans le mouvement de leur périhélie, M. Leverrier apporte la modification suivante à notre système planétaire, tel que tout le monde le connaît :

1° Outre les planètes Mercure et Vénus, il doit exister, entre le Soleil et Mercure, un anneau d'astéroïdes dont l'ensemble constitue une masse comparable à celle de *Mercure lui-même;*

2° A la distance de la Terre au Soleil se trouve un second anneau d'astéroïdes dont la masse est au plus égale au 1/10e de celle de la Terre;

3° La masse totale du groupe des petites planètes situées entre Mars et Jupiter est au plus égale au tiers de la masse de la Terre; autrement dit, 10 fois la masse des astéroïdes dont les aérolithes nous donnent un spécimen, plus trois fois la masse des planètes télescopiques forment une somme égale à la masse terrestre.

On peut se demander comment cette zone d'astéroïdes, dont la distance moyenne est égale à la nôtre et dont la masse est la dixième partie de la masse terrestre, n'a aucune action sur le mouvement de notre ellipse dans le plan de son orbite; M. Leverrier a sans doute déjà répondu à cette objection, qui n'a pas dû manquer de se présenter à son esprit.

Du reste, le travail de M. Leverrier ne paraît pas avoir l'approbation de son savant collègue, M. Delaunay; ce dernier a même annoncé à l'Académie qu'il avait l'intention de démontrer l'empirisme des formules par lesquelles le savant directeur de l'Observatoire impérial est arrivé aux résultats que nous venons d'indiquer.

Cette hypothèse, qui rattache les aérolithes, les bolides et les étoiles filantes à la présence d'une zone d'astéroïdes circulant autour du Soleil, et dans une orbite que rencontre celle de notre globe, n'est pas neuve, mais est, au contraire, celle généralement adoptée par tous les astronomes.

D'après des observations simultanées d'étoiles filantes, faites cette année à Rome et à Civita-Vecchia, à l'aide du télégraphe électrique, par le P. Secchi et un autre observateur, le savant directeur de l'Observatoire du Collége Romain conclut que les étoiles filantes ne sont pas des phénomènes météorologiques, mais bien cosmiques, indiquant que le Soleil est entouré d'un anneau formé par ces petits corps, anneau qui coupe à peu près l'écliptique au point où se trouve la Terre le 10 août; et comme tous les ans notre globe revient, vers cette époque, au même point de son orbite, et que cette place correspond sans doute à une partie plus condensée de l'anneau, nous apercevons, en ce moment, un grand nombre de corpuscules, qui, attirés par la masse de la Terre, tombent sur elle et s'enflamment au contact de notre atmosphère.

Cette théorie, dit le P. Secchi, est confirmée par la constance de la direction des étoiles filantes, à cette époque, direction qui est presque parallèle et contraire à celle de la Terre dans son orbite à ce moment.

A l'hypothèse que les étoiles filantes sont des poussières planétaires s'enflammant *au contact de notre atmosphère*, nous devons opposer celle d'un observateur allemand, M. Heiss, de Munster, celui qui, par des observations faites de 1839 à 1847, a trouvé que pour la période d'août il n'existe pas, dans la voûte céleste, qu'un seul centre, ou plutôt qu'une constellation d'où semblent rayonner les étoiles filantes.

Cet astronome vient de conclure, à l'aide de deux constructions graphiques, que la hauteur des étoiles filantes est de 172 kilomètres, et celle des bolides de 87.

Il a aussi déduit des positions de l'étoile, au moment de son apparition et de sa disparition, que la vitesse absolue de ces infiniments petits planétaires est de 30 à 80 kilomètres en une seconde. Il est remarquable, ajoute-t-il alors, que les étoiles filantes s'éteignent à une hauteur moyenne de 90 kilom.; c'est-à-dire, presque égale à la hauteur extrême que l'on donne à notre atmosphère. Ainsi, dit-il, les étoiles filantes, au lieu de s'enflammer dans notre atmosphère, s'y éteindraient.

Rappelons, à ce sujet, l'opinion de Poisson sur l'enflammation des aérolithes, ou étoiles filantes, à la grande hauteur à laquelle beaucoup de ces phénomènes se manifestent.

Poisson émettait la supposition que le fluide électrique, à l'état neutre, forme une sorte d'atmosphère impondérable s'étendant de beaucoup au-delà de notre atmosphère matérielle. Les corpuscules planétaires, en entrant dans cette atmosphère électrique, décomposeraient le fluide neutre, en raison de leur action inégale sur les deux électricités, et ce serait en s'électrisant qu'ils s'échaufferaient et deviendraient incandescents.

A propos d'étoiles filantes et d'aérolithes, l'*Echo de Vésone* rapporte qu'à Tocane-Saint-Apre, le 14 février 1861, vers 6 heures du soir, le jeune Du Chazeau rentra chez lui tout effrayé; il raconta qu'il venait de voir tomber du ciel, sur la place publique, un tison enflammé, au moment d'une pluie légère. Son père et son oncle abbé se rendirent sur les lieux. Ils constatèrent que la terre était légèrement sillonnée, et ils trouvèrent une pierre dont les caractères sont ceux des aérolithes. Elle a 4 centimètres de longueur sur 2 de largeur et 1 d'épaisseur; elle ne pèse que 7 grammes. Anguleuse et très-dure, elle est formée d'une matière tenue, grisâtre, enchâssant une matière vitrée et noirâtre. Elle a été déposée au Musée du département. Nous extrayons cette relation de la Revue scientifique le *Cosmos*. On voit que l'aérolithe de Tocane-St-Apre n'est pas aussi effrayant que celui tombé, en 1810, à Santa-Rosa, dans la Nouvelle-Grenade, et qui pesait 750 kilogrammes; celui de février peut, à juste titre, recevoir le nom de poussière de planète.

D'autres parties de l'Europe ont été témoins de phénomènes semblables; ainsi, d'après M. le professeur Joaquin Balcells, de Barcelone, il est tombé cette année une véritable pluie de pierres près de Villanova, en Catalogne.

Le fragment le plus considérable pèse un kilogramme et a été seul envoyé au Musée de Madrid, parce que les paysans espagnols ont refusé de donner les autres fragments, prétendant que les pierres tombées du ciel portent bonheur.

Sans entrer dans aucune discussion au sujet des hypothèses que je viens de rappeler, je ferai seulement remarquer que si quelques uns de ces petits corps planétaires viennent, en effet, rencontrer notre globe, la plupart de ceux qui entrent dans sa sphère d'attraction doivent devenir de véritables satellites de notre planète.

A l'heure qu'il est notre globe doit alors être enveloppé de tous les corpuscules célestes que notre attraction a ravi à l'astre éclatant, ou du moins qui ne gravitent plus autour de lui qu'en nous accompagnant dans notre mouvement annuel, ainsi que le fait la Lune.

Une dernière remarque, qui peut aussi laisser quelques doutes sur la formation attribuée à ces petits corps planétaires, est que ceux dont la surface de notre globe s'est emparée, loin d'avoir la forme sphérique des corps qui se forment dans le vide par la seule loi d'attraction, ont une forme excessivement irrégulière ne répondant nullement à celle de nos planètes.

IX.

Analyse chimique de l'atmosphère solaire. — Il y a de ces progrès, réalisés dans la recherche de la vérité, qui sont tellement inattendus, qui ouvrent des horizons tellement nouveaux, que l'on ne peut en réalité prévoir la limite que

Dieu a posée devant les efforts de nos organes matériels et intellectuels.

Comprenez-vous l'étonnement qu'eussent éprouvé les astronomes et physiciens des 17e et 18e siècles si quelque prophète était venu leur annoncer qu'en l'an 1861 on aurait trouvé le moyen de constater que l'atmosphère solaire contient du fer et d'autres métaux, mais que l'argent, le cuivre, le plomb, le zinc, etc., semblent y manquer.

Comment, par le seul secours de la vision, a-t-on pu signaler la présence du fer dans une atmosphère gazeuse?

Comment est-il possible d'effectuer l'analyse chimique de l'enveloppe d'un corps situé à 38000000 de lieues de nous, quand l'analyse des corps que nous pouvons soumettre à l'appréciation de nos organes du toucher, du goût et de l'odorat présente déjà une certaine difficulté ?

On y est arrivé par l'étude de certains phénomènes relatifs à la lumière, phénomènes dont la découverte extraordinaire a ouvert une voie nouvelle aux recherches sur la constitution intime de tous les corps, depuis l'atome infiniment petit, que l'esprit peut à peine concevoir, jusqu'aux immenses soleils qui roulent dans l'immensité et dont la grandeur effraie notre imagination.

Pour faire comprendre en quoi consiste cette découverte, il est nécessaire de rappeler les premières observations physiques qui ont fait jaillir la source féconde dont la science vient de s'enrichir.

Chacun sait que si, par l'ouverture très-étroite et circulaire du volet d'une chambre noire, on fait passer un rayon de lumière solaire et qu'on reçoive ce rayon sur un écran, il se forme une image directe *ronde et blanche*.

Si, sur la direction du rayon lumineux, on interpose un prisme réfringent, le rayon de lumière, en traversant le prisme, se réfracte et l'image reçue sur l'écran n'est plus ronde et blanche, mais *oblongue et colorée.*

Cette image, ainsi modifiée, prend le nom de *spectre solaire;* la première observation en est due à Newton, en 1666.

Parallèlement aux arêtes du prisme, la largeur du spectre est égale au diamètre de la première image; perpendiculairement à ces mêmes arêtes, la longueur du spectre dépend de deux choses : de la nature du prisme et de l'angle de réfringence.

Quand la longueur du spectre est au moins double de sa largeur, on y distingue nettement sept nuances principales qui sont : le rouge, l'orangé, le jaune, le vert, le bleu, l'indigo et le violet ; ce sont les sept couleurs simples dont se compose la lumière blanche.

Si, au lieu de recevoir sur l'écran un rayon de lumière solaire, on reçoit un rayon de lumière artificielle produite soit par une combustion, par des forces chimiques, des actions physiques ou mécaniques, on reconnait que les spectres de ces diverses lumières ne contiennent aucune nuance qui ne se trouve dans la lumière solaire ; qu'aucune lumière artificielle ne reproduit exactement, c'est-à-dire avec leurs intensités et leurs proportions, les nuances simples de la lumière de l'astre radieux; et en outre, que la couleur qui domine dans une source de lumière artificielle est aussi celle qui domine dans son spectre.

En 1814, Fraunhofer, habile constructeur d'instruments astronomiques à Munich, eut l'heureuse idée d'examiner les couleurs du spectre solaire, à l'aide d'une lunette grossissant un certain nombre de fois.

Il découvrit qu'il existe dans le spectre une énorme quantité de *lignes noires*, ou presque noires, toutes parallèles entre elles et placées perpendiculairement à la longueur du spectre.

Quelques-unes de ces lignes sont très-déliées et isolées ;

d'autres, au contraire, sont tellement rapprochées qu'elles semblent réunies et forment une ombre plus ou moins épaisse, présentant l'aspect d'autres bandes noires très-tranchées et d'une étendue sensible, qui se trouvent aussi sur le spectre.

Ces lignes et ces bandes sombres, répandues avec une grande irrégularité sur la longueur de l'image, ont reçu le nom de *raies de Fraunhofer.*

L'habile artiste de Munich observa ces raies avec beaucoup de soin, et, au moyen de points de repères judicieusement choisis sur la longueur du spectre, en fit le dénombrement et le dessin.

Il en trouva six à sept cents environ, etonstata que les nuances du spectre solaire qui en contiennent le plus sont : le vert, le bleu et l'indigo. M. Kirchoff, en observant le spectre avec des pouvoirs amplifiants plus considérables, a dernièrement constaté plusieurs milliers de raies noires.

En changeant l'angle de réfringence du prisme et la nature de la substance, Fraunhofer ne remarqua aucun changement dans la distribution et l'intensité des raies sombres.

Cet étrange résultat, amené par l'observation attentive de l'image spectrale, était-il dû à une particularité propre à la lumière solaire ou à des causes existant dans notre atmosphère.

Pour résoudre la question, le physicien allemand examina le spectre de la Lune et celui de Vénus; il y retrouva absolument les mêmes raies que dans le spectre solaire.

Il observa le spectre de plusieurs étoiles, et, entre autres, de la brillante Sirius.

Là, le phénomène changea; les raies du spectre de l'étoile étaient bien noires, mais leur répartition était *toute différente* de celle du spectre du Soleil et des planètes.

Fraunhofer venait donc de découvrir que chaque Soleil a sa lumière propre, ou plutôt son spectre propre, auquel on peut le reconnaître, par la distribution de ses raies noires; et il venait de confirmer, d'une manière étrange, que la lumière des planètes et des satellites n'est que la lumière réfléchie de l'astre éclatant.

L'heureux physicien voulut porter plus loin sa découverte; ayant examiné les spectres formés par les flammes des lumières artificielles, il trouva que ces sortes de lumières se distinguent de celles dues aux astres en ce que les raies de leur spectre, réparties dans un ordre différent, sont brillantes au lieu d'être noires.

Pour la lumière électrique, la plus vive des raies brillantes se trouve dans le vert; les flammes de l'hydrogène et de l'alcool présentent des raies brillantes très-intenses vers le rouge et l'orangé.

Ainsi, la distinction se trouva nettement établie entre les lumières émanant des astres et celles des flammes contenant des sels métalliques; dans les raies du spectre, les premières sont *noires*, elles sont *brillantes* dans les secondes.

A la suite de découvertes aussi inattendues, les physiciens se livrèrent à l'étude de l'analyse spectrale.

MM. Brewster, en 1833, Miller et Daniel, en 1845, étudièrent les spectres des flammes diversement colorées, ou de celles dont la lumière traversait certaines vapeurs avant d'être décomposée par le prisme. Ils constatèrent que chaque vapeur faisait naître dans le spectre des raies brillantes particulières tant par leur position que par leur étendue.

En 1849, M. Foucault remarqua que la raie jaune brillante que donne, dans son spectre, une flamme où le sodium est en suspension, devient *obscure* dès qu'on illumine vivement la source de lumière artificielle. Cet effet, constaté par d'autres physiciens, ne put être expliqué, jusqu'au jour où les remarquables travaux de MM. Bunsen et Kirchoff furent venus donner une si vive impulsion à l'étude de la chimie.

En 1858, M. Plucker imagina de faire passer la décharge électrique à travers des tubes thermométriques ou capillaires interposés entre des tubes plus larges contenant des vapeurs ou des gaz très-raréfiés.

En examinant, à l'aide d'un prisme réfringent muni d'une lunette, les spectres donnés par la lumière due à la décharge électrique et condensée, pour ainsi dire, par son passage dans le tube étroit, M. Plucker remarqua des raies brillantes et sombres, plus ou moins fines, complètement subordonnées au gaz ou à la vapeur, extrêmement raréfié, contenu dans les tubes. Il observa ainsi les spectres dus à l'hydrogène, à l'azote, au gaz ammoniacal, à l'iode, au brôme, au chlore, etc. Il découvrit, par cette méthode, des traces de gaz que l'analyse chimique la plus minutieuse n'eut pu constater; il annonça que les spectres des gaz incandescents sont formés par des bandes lumineuses sur fond obscur, et il émit l'opinion que les raies noires de Fraunhofer ne pouvaient être comparées à celles des bandes lumineuses.

MM. Bunsen et Kirchoff entreprirent enfin, en 1859, leurs travaux sur l'analyse spectrale. Ces deux savants ont mis largement à profit ce nouveau mode d'investigation chimique, d'une puissance tellement incroyable que le spectre accuse la présence de corps simples d'un poids plus petit que trois dix-millionièmes de milligrammes, c'est-à-dire de quantités que l'on considérait, autrefois, comme impondérables.

Les deux physiciens allemands ayant remarqué, dans le spectre, des caractères qui n'appartenaient à aucun des corps simples connus et analysés par eux, ont été conduits à la découverte de deux nouveaux métaux, le *rubidium* et le *cæsium*. Mais il ne leur a pas suffi de trouver, au moyen de ce nouveau mode de recherches, des corps simples complètement inconnus avant eux; de constater la présence, dans les matières les plus communes, de corps que l'on supposait excessivement rares, ils ont voulu soumettre à leur puissante analyse les grands corps célestes de la nature, corps qui semblaient, jusqu'à présent, devoir être affranchis de tout examen chimique.

MM. Bunsen et Kirchoff remarquèrent d'abord que, si la source de lumière est *un corps solide ou liquide*, le *spectre est continu*, c'est-à-dire qu'il n'y a ni *raies noires*, ni *raies brillantes*. Si la source lumineuse est *gazeuse*, le spectre contient des *raies brillantes* complètement dépendantes des sels métalliques contenus dans la flamme.

Ils découvrirent ensuite que les gaz incandescents ne transmettent pas les rayons qu'ils *émettent*, qu'ils les *absorbent*. Ainsi, ayant voulu faire traverser la flamme du sodium par un rayon *jaune* semblable à celui qui caractérise le spectre de ce métal, ils remarquèrent que le rayon jaune ne la traversait pas, qu'en quelque sorte, pour ce rayon particulier, la flamme sodique était *opaque*.

Ils observèrent, en outre, que la *double ligne brillante*, à laquelle se reconnaît le spectre du sodium, coïncide exactement avec la *double raie noire* désignée par D par les physiciens, et qui se trouve dans l'*orangé* du spectre solaire.

Ayant placé, entre le prisme et la lumière Drummond, une flamme de soude, le spectre de la lumière Drummond, au lieu d'être continu comme tous ceux des corps solides incandescents, fit apparaître la double raie noire D du spectre solaire.

Ayant remplacé la lumière Drummond par la lumière solaire, c'est-à-dire ayant fait passer cette lumière à travers la flamme sodique, ils constatèrent que la raie noire D était encore plus distincte que lorsque le spectre solaire était formé sans interposition de flamme de soude.

De là, ils ont conclu la présence du *sodium* dans l'atmosphère solaire.

C'est ainsi que les *raies obscures* de Fraunhofer, par leur correspondance avec les *raies brillantes* de certains métaux, ont révélé à MM. Kirchoff et Bunsen la présence du fer, du chrôme, du magnésium et du nickel dans l'atmosphère du Soleil, et qu'ils pensent avoir constaté que l'or, l'argent, le cuivre, le zinc, le cobalt et l'aluminium y manquent complètement.

M. Kirchoff est, de plus, venu confirmer les hypothèses généralement admises sur la constitution du Soleil. Le savant Allemand émet, en effet, l'opinion que le Soleil consiste en une atmosphère gazeuse entourant un noyau solide doué d'un éclat lumineux beaucoup plus considérable que celui de son atmosphère.

Si l'on pouvait voir la partie solide ou liquide du Soleil, dit M. Kirchoff, sans voir son atmosphère, on obtiendrait un spectre continu *sans raie noire.*

Si l'on pouvait voir le spectre de l'atmosphère solaire, sans voir celui du noyau, ce spectre contiendrait les *lignes brillantes* qui caractérisent les métaux en suspension dans cette atmosphère.

L'intensité lumineuse extraordinaire du noyau de l'astre éclatant empêche d'apercevoir le spectre de son atmosphère; ou plutôt, il se passe là ce qui se passe avec la lumière Drummond et la flamme de soude; on n'a, pour ainsi dire, qu'une *image négative* du spectre solaire; c'est-à-dire, qu'au lieu de contenir les lignes brillantes relatives à chaque métal en suspension dans l'enveloppe du Soleil, il contient des raies noires qui leur sont complètement correspondantes.

Les conclusions des savants physiciens d'Heidelberg ont été critiquées par plusieurs, et, entre autres, par le docteur K. M. Giltay, directeur de la Société batave de Rotterdam.

Le savant Hollandais prétend qu'il a répété les expériences de MM. Bunsen et Kirchoff, et que leurs conclusions ne sont pas une interprétation légitime du phénomène. Il reproche à ces deux physiciens de prendre pour point de départ de leur analyse spectrale, relativement à la constitution de l'atmosphère solaire, la loi douteuse, prétend-il, de M. Kirchoff; il va même jusqu'à lancer des doutes sur l'origine des raies noires de Fraunhofer, en rappelant que quelques observateurs ont cru remarquer que ces raies sont moins obscures à une grande hauteur au-dessus du niveau des mers, et même, qu'il en manque *quelques-unes*.

David Brewster a constaté, il est vrai, que, lorsque le Soleil s'approche de l'horizon, de nouvelles raies noires apparaissent dans le spectre; mais ces raies sont complètement différentes de celles qu'on aperçoit d'une manière permanente.

Enfin, M. Giltay avance qu'une seule et même substance peut absorber bien des rayons de réfrangibilité différentes.

Nous pensons, quant à nous, que si la loi et les conclusions de MM. Bunsen et Kirchoff ont besoin d'être vérifiées par d'autres observateurs, les critiques du docteur Giltay ne doivent être acceptées qu'avec une grande réserve, car les résultats obtenus par les deux physiciens allemands, relativement aux nouveaux corps chimiques découverts par eux, sont trop certains et trop frappants, pour qu'on n'accorde pas une confiance entière à ceux qu'ils ont déduits de leur étrange analyse de l'atmosphère solaire.

X.

Les Eclipses de l'année. — L'année qui vient de finir n'a pas donné d'éclipses ayant, jusqu'à présent, fourni des résultats d'une valeur réelle.

Il y a eu une seule éclipse partielle de Lune, le 17 décembre dernier. Ce phénomène, d'une faible importance astronomique, n'a, pour ainsi dire, pas été visible en France. Cette éclipse, qui n'était que de deux doigts, c'est-à-dire, telle que le sixième de la Lune seul se trouvait à passer dans l'ombre projetée par la Terre, a commencé à 7 heures 36 minutes du matin, temps moyen de Paris, et a été dans sa plus grande phase à 8 heures 27 minutes; or, la Lune s'est couchée, à Paris, à 7 heures 55 minutes, c'est-à-dire, 19 minutes après que le phénomène était commencé; la Lune était donc très-peu échancrée quand elle a disparu dans les vapeurs de l'horizon. Toutefois, quelque superstitieux habitant des rives sauvages de l'Armorique, en voyant l'astre des nuits disparaître ainsi déformé dans les flots, a sans doute pensé qu'il était dévoré par quelque monstre marin sorti des abîmes de l'Océan.

Les trois éclipses de Soleil qui se sont produites, cette année, ont été : l'une *partielle*, l'autre *annulaire* et la troisième *totale*.

C'est dans un point situé près des *îles Carolines* que l'on a pu contempler, le 8 juillet 1861, le curieux phénomène d'une éclipse *annulaire* au moment où l'*astre passe au méridien*.

L'anneau lumineux n'avait pour épaisseur qu'environ la 160e partie du diamètre du Soleil, à peu près la largeur du diamètre de Vénus, au commencement de novembre.

Cet anneau n'a été régulier qu'un instant, c'est-à-dire, au

moment de midi, et il ne s'est écoulé qu'*une minute*, environ, entre le moment où il s'est formé et *celui où il s'est rompu.*

L'éclipse *totale* a eu lieu le dernier jour de l'année, le 31 décembre. Elle n'a été visible en France que partiellement.

A Brest, un temps magnifique a favorisé l'observation du phénomène qui, dans le cas d'une éclipse partielle, se réduit, comme chacun le sait, à apercevoir le Soleil sous l'apparence progressive d'un croissant lunaire.

L'éclipse n'était que de 6 doigts et demi, c'est-à-dire qu'il n'y avait de caché qu'environ la moitié du disque du Soleil; aussi, en raison de la pureté du ciel, l'affaiblissement de la lumière au moment de la plus grande phase, a-t-il été peu sensible.

A Paris, et dans d'autres parties de la France, on n'a pas été aussi favorisé qu'en Bretagne, car le ciel est resté complètement couvert; il est à remarquer que ce n'est pas l'habitude, car, quand il fait beau à Brest, on doit supposer qu'il fait beau partout.

C'est dans la Méditerranée que l'on a pu jouir du magnifique spectacle de l'éclipse totale du 31 décembre.

M. Schmidt, directeur de l'Observatoire d'Athènes, a publié dans les *Astronomiche Nachrichten*, un travail annonçant que les observateurs qui voudraient observer l'éclipse en Grèce la verraient, le dernier jour de l'année, au coucher du Soleil, dans une zone étroite du Péloponèse et de l'Attique.

Dans ce travail, M. Schmidt a donné les corrections relatives aux limites Nord et Sud de la zone où le phénomène était visible en totalité.

Ces corrections sont dues à ce que les phases de l'éclipse, données dans les éphémérides habituelles, sont basées sur les anciennes tables de la Lune, tandis qu'il a reçu du savant M. Mœdler des phases basées sur les nouvelles tables de M. Hansen.

Nous ne pensons pas que le phénomène du 31 décembre ait attiré sur les points favorisés des observateurs aussi remarquables et en aussi grand nombre que l'éclipse mémorable de juillet 1860. Ni la saison, ni l'époque n'ont, cette fois, été propices. Aussi, si les observations multipliées de l'éclipse de 1860 n'ont pas permis d'obtenir des éclaircissements certains sur la constitution physique du Soleil et sur la cause de l'*auréole lumineuse*, des *gloires*, des *protubérances* et des *nuages roses*, il est probable que les rares observations du phénomène de cette année ne fourniront pas de nouvelles données pour savoir, au juste, quelle est l'hypothèse que l'on peut adopter.

Le P. Secchi pense, d'après les dessins et documents fournis par les observateurs de l'éclipse du 18 juillet 1860, que, relativement à l'auréole et aux protubérances, bien que chaque observateur croit avoir vu différemment, les documents graphiques s'accordent autant qu'on peut l'espérer, en raison des circonstances dans lesquelles ils ont été obtenus.

M. Liais, l'astronome franco-brésilien, est d'avis que les gloires de l'auréole ne sont pas dues à la lumière réfléchie par les montagnes lunaires et diffractée par l'effet des échancrures des bords de la Lune; car il a vu, en 1858, ainsi que le constate le rapport de la Commission brésilienne, un rayon incliné recouvert progressivement par la Lune, et dont le point de départ apparent se déplaçait sur le contour lunaire.

M. Faye prétend que les phénomènes remarquables qui se présentent dans les éclipses totales ne sont pas des réalités objectives, mais bien des phénomènes d'optique; et que l'atmosphère du Soleil, les nuages blancs, roses, bleus, violets, etc., que l'on fait flotter dans cette atmosphère, sont des hypothèses *insoutenables*.

En présence de pareilles contradictions, nous devons donc

encore attendre avant de nous former définitivement une opinion sur la cause de ces phénomènes aussi remarquables qu'étranges, mais qui se reproduisent trop rarement, en présence d'un concours sérieux d'observateurs, pour que l'on puisse espérer prochainement une solution bien tranchée de la question.

Puisque nous sommes en train de parler de constitution de corps célestes et de phénomènes dus entièrement au mouvement de notre satellite autour de nous, nous croyons ne pas devoir passer sous silence les remarques de M. Birt sur la géologie de la Lune, c'est-à-dire sur la *sélénologie*.

En étudiant les cratères qui avoisinent les espaces sombres désignés sous le nom de *mers*, M. Birt croit avoir trouvé que certains cratères sont de formation *antérieure* à l'espace ou mer qui les baignent, tandis que d'autres indiquent une formation *postérieure*.

Ainsi, *Doppelmayer* et deux cratères qui n'ont pas reçu de noms mais qui sont situés entre le premier et *Vitello*, au sud de *Mare humorum*, et *Hippalus*, situé au nord-ouest, présentent des traces d'éboulements arrivés du côté de *Mare humorum*: La teinte verdâtre de cette mer lunaire se continue jusqu'à l'extérieur des remparts de *Doppelmayer* qui est resté intact.

M. Birt pense que la forme entière et bien tranchée des remparts de *Vitello* indique, pour ce mont lunaire, une époque postérieure à la naissance de *Mare humorum*.

La Lune a donc eu, comme la Terre, ses bouleversements et ses catastrophes. Le disque argenté de Phœbé, dont un poëte a dit :

> Reine des nuits, l'amant devant toi vient rêver,
> Le sage réfléchir, *le savant observer* ;

n'a donc pas toujours présenté ce calme que nous admirons, mais, aussi lui a été le théâtre de violents cataclysmes dont nous commençons à épeler l'histoire.

Tout est donc semblable dans l'immense univers, et l'histoire d'une planète peut aussi raconter celle de toutes les autres.

M. Birt n'étudie pas seulement les formes de notre satellite, il étend ses observations aux grosses planètes de notre système.

Ainsi, en observant Saturne, le 7 avril dernier, cet astronome a été frappé de l'irrégularité du contour de l'ombre qui se projetait, à ce moment, sur l'hémisphère nord de Saturne, juste au-dessous de l'anneau obscur intérieur.

M. Birt a attribué ces irrégularités à des montagnes se trouvant sur l'anneau.

Il nous semble qu'elles pourraient aussi bien être attribuées à des montagnes se trouvant sur la planète.

Il peut se faire, toutefois, que l'attraction de la planète détermine, dans l'anneau, des soulèvements dirigés vers Saturne.

M. Daniel Vaughan croit, en effet, avoir calculé qu'à la distance à laquelle les anneaux de Saturne se trouvent de la planète, un satellite ne pourrait pas exister sous une forme constante, à moins d'avoir une densité beaucoup plus considérable que celle que l'on est en droit de supposer aux corps du monde de Saturne.

Si l'on supposait notre Lune circulant autour de la Terre à une distance de 2 rayons terrestres, au lieu de 60 rayons comme cela a lieu, la gravité, à la surface de la Lune située du côté de notre globe, *serait nulle*. La matière située de ce côté ne pourrait pas résister à l'énorme pression développée par les autres parties de la masse de notre satellite, et la forme sphérique, sous laquelle nous l'apercevons, serait évidemment rompue.

D'après M. Vaughan, pour qu'un satellite, sous l'influence de l'attraction du corps central, puisse conserver sa forme d'équilibre, il faut que la distance du satellite à la planète soit égale à deux fois et demi le rayon de cette dernière multipliée par la racine cubique du rapport de la densité de la planète à celle du satellite.

Est-ce bien aux lois signalées par M. Daniel Vaughan que l'on doit attribuer les irrégularités de l'anneau de Saturne observées par M. Birt ?

D'après ces lois, l'anneau de Saturne ne serait néanmoins que la figure d'équilibre qu'eût pris nécessairement un satellite s'étant formé à cette distance de la planète; mais il peut très-bien se faire, en effet, que, sous l'énorme attraction de Saturne, il se forme dans l'anneau des *ondulations* de matières excessivement *prononcées*, et dans le genre de celles de la masse liquide recouvrant notre globe et qui, connues sous le nom de *marées*, sont, comme tout le monde le sait, dues aux attractions luni-solaires.

Par des inégalités observées dans la bande boréale de Jupiter et par le mouvement d'une tache qu'il a aperçue sur le disque brillant de la grande planète, M. Birt croit aussi avoir assisté au transport rapide d'un *nuage* dans l'atmosphère de l'astre.

Il a vu cette tache occuper le bord *Est* du disque vers 7 heures 20 minutes; le centre vers 8 heures, et le bord *Ouest* vers 9 heures 15 minutes. Ainsi, dans 1 heure 55 minutes la tache a parcouru à peu près un hémisphère de la planète; ce qui lui donne une vitesse moyenne de 33000 mètres environ en une seconde; en admettant encore que le nuage observé ait rasé la surface de Jupiter.

Ils sont donc bien violents les courants d'air de Jupiter, qui peuvent transporter un *nuage* avec une vitesse 60 fois plus grande que celle d'un boulet de canon. Sur notre globe, la vitesse de l'air, dans les ouragans renversant les arbres et les maisons, n'est que de 46 mètres par seconde.

La supposition de M. Birt ne s'accorde guère avec l'hypothèse admise par les astronomes que, en raison du peu d'inclinaison de l'axe de rotation de Jupiter sur son orbite, il doit régner, sur la plus belle de toutes les planètes, un printemps perpétuel. — *Quel printemps !!...*

XI.

Passage de Mercure sur le disque du Soleil. — A l'occasion des éclipses, nous devons signaler que les astronomes de l'Observatoire impérial n'ont pu observer, en raison du mauvais temps, le phénomène assez rare qui s'est présenté le 12 novembre dernier; c'est le passage de la planète Mercure sur le disque du Soleil.

M. Leverrier avait, à ce sujet, fait insérer dans les *Comptes-Rendus* du 4 novembre, une note relative aux phases du phénomène.

Les nombres qu'il a donnés ont été obtenus au moyen des tables du Soleil et de Mercure insérées par lui dans les tomes IV et V des *Annales de l'Observatoire impérial.*

Comme le phénomène devait déjà être commencé quand le Soleil est apparu, le 12 novembre, à l'horizon de Paris, M. Leverrier recommandait d'une manière spéciale l'observation du second contact interne; cette observation, faite avec précision, devant servir à déterminer la position de Mercure avec une grande exactitude.

En France, le temps n'a malheureusement permis de faire l'observation qu'à Marseille ; et encore, cette observation n'a-t-elle pas été effectuée dans les conditions désirables.

Brest, bien entendu, n'a pas été, en cette circonstance, plus privilégié que les autres points de la France. Quoiqu'il régnât le 12 novembre des vents de nord-est, le ciel est resté entièrement couvert pendant toute la durée du phénomène. Le Soleil ne s'est montré brillant, et cela pendant quelques instants, qu'une demi-heure après que le passage de Mercure était complètement effectué.

Quelques journaux, en annonçant le phénomène, l'ont appelé aussi *remarquable* que *rare*.

Le mot rare n'est pas exagéré puisque depuis l'invention des lunettes, ou mieux, depuis le 7 novembre 1631 jusqu'à aujourd'hui, on n'a encore pu observer que vingt-trois passages de Mercure, et qu'il n'y en aura plus que six jusqu'à la fin de ce siècle.

Quant à être *remarquable*, c'est-à-dire, à offrir un spectacle pouvant intéresser ceux qui ne s'occupent pas d'astronomie, c'est une grande exagération.

Voici, en effet, ce qui devait se passer le 12 novembre 1861, pour un observateur situé à Brest, et pouvant examiner le Soleil avec une lunette grossissant au moins six fois et munie d'un verre coloré !

Le lever vrai de l'astre du jour ayant eu lieu à Brest, ce jour-là, à 7 heures 8 minutes 52 secondes, l'observateur eut aperçu au moment de ce lever, sur le disque solaire, un *très-petit point noir* situé à gauche du diamètre vertical du Soleil.

Le diamètre du point noir distinct, par sa rondeur et sa teinte plus foncée des taches solaires qui se trouvaient aussi à ce moment sur le disque, était égal environ à la 200e partie du diamètre vertical du Soleil; c'est-à-dire, que si, suivant la méthode employée par Gassendi en 1631, on eut projeté l'image solaire sur une feuille de papier dans une chambre obscure, ou mieux, si on eût photographié l'astre radieux, on eut trouvé, en supposant au diamètre de l'image la longueur de *un décimètre,* un *demi-millimètre* pour diamètre de Mercure.

D'après cela, on trouve facilement qu'il eût fallu près de 37210 taches comme celle produite par l'interposition de la petite planète pour couvrir en entier le disque de l'astre du jour. Aussi, au moment du passage, la lumière du Soleil n'a été diminuée que de $^1/_{37210}$.

Le point noir, après avoir suivi une route très-inclinée par rapport à l'horizon de Brest, se serait trouvé à 9 heures 1 minute 12 secondes, temps moyen de Brest, à son deuxième contact interne, c'est-à-dire, tout-à-fait au bord *ouest* du disque radieux, en un point situé, à peu près, à 9 degrés à droite de la partie supérieure du diamètre vertical du Soleil. C'est vers ce lieu que le petit point noir eut quitté le disque brillant pour n'y revenir que le 4 novembre 1868.

D'après ce que nous venons de dire, le phénomène du passage de Mercure sur le disque solaire n'a, comme on le voit, rien de bien remarquable et n'offre d'importance réelle qu'au point de vue scientifique.

L'observation du passage a pu être effectuée, dans d'assez bonnes conditions, à l'Observatoire nouveau de Leipzig. Le ciel n'était pas cependant parfaitement pur ; des *Cirrus* passaient souvent sur le disque du Soleil et le couvraient quelquefois d'une telle manière qu'on n'apercevait plus Mercure.

M. le professeur Bruhns, à l'aide d'un réfracteur de Fraunhofer grossissant 140 fois, et muni de fils micrométriques, a déterminé une position de la planète sur le disque solaire et a observé la sortie de l'astre au moment des contacts interne et externe. Les temps des contacts donnés par cet astronome diffèrent d'environ 5 secondes de ceux fournis, au même Observatoire, par MM. Engelmann et Von-Zahn, qui observaient avec des réfracteurs ne grossissant que 60 fois. Les observations de M. Bruhns s'accordent mieux avec celles faites par M. Auerbach, à Goblis, près de Leipzig, sur son petit Observatoire.

M. le professeur Bruhns a déterminé le diamètre de Mercure par dix mesures prises au micromètre à fils : il a trouvé 9″,63 avec une erreur probable de ± 0″,07.

A la distance 1 de la planète à la Terre, le diamètre serait, d'après cela, de 6″,52.

A l'Observatoire de Copenhague, le phénomène a été observé avec des conditions favorables comme il s'en présente rarement en cette saison.

M. le professeur d'Arrest, au moyen d'un réfracteur grossissant 356 fois, a déterminé l'instant du contact interne, au moment de la sortie, à 22 heures 9 minutes 51 secondes, temps moyen de Copenhague. A ce même Observatoire, l'instant des contacts a été aussi observé par MM. Schjellerup et Thiele. Les observations de MM. d'Arrest et Schjellerup s'accordent assez; celle de M. Thiele est en retard de 8 secondes sur les autres.

Une bonne observation a été aussi obtenue par M. Peters, directeur de l'Observatoire d'Altona.

Cet astronome a pu suivre la dernière phase avec un équatorial de six pieds; il a constaté que l'heure à laquelle a eu lieu le deuxième contact s'accorde avec celle fournie par les nouvelles tables et les formules de M. Leverrier.

Dans la Mer Noire, à Nicolaïef, M. le professeur Knorre et son fils ont pu suivre complètement le phénomène, c'est-à-dire qu'ils ont observé l'*entrée* et la *sortie* de la planète sur le Soleil.

Le père observait avec un réfracteur de Fraunhofer de 5 pieds, et le fils avec un réfracteur de Dollond de 4 pieds.

Sous le beau ciel de la Grèce, M. Schmidt n'a effectué ses observations qu'avec beaucoup de peine, en raison du brouillard qui enveloppait, à ce moment, l'ancienne capitale de l'Attique; aussi, quand cet astronome a pu observer le Soleil, Mercure était déjà sur son disque, et il n'a pas eu besoin, à certains moments, pour observer le phénomène, d'employer des verres colorés, tant le brouillard affaiblissait l'éclat du disque radieux. Il n'a vu, à travers la brume, que le contact interne de la sortie à 22 heures 54 minutes 6 secondes.

M. Schmidt a pu néanmoins effectuer plusieurs mesures micrométriques de la planète, quand elle se projetait sur le disque solaire. La moyenne de ses déterminations lui donne 9",918 pour diamètre apparent de Mercure, au moment du passage.

A la distance de la Terre au Soleil, Mercure sous-tendrait, d'après cela, un angle de 6",711.

Dans l'observation du passage, en mai 1845, M. Schmidt n'avait trouvé pour ce diamètre, à la distance moyenne, que 6",057.

Nous voyons que le nombre trouvé cette année par M. Schmidt est plus grand que celui donné par M. Bruhns.

L'observation faite par M. Bulard, à Alger, semble aussi donner raison aux formules de M. Leverrier. Le deuxième contact interne a, en effet, été obtenu, dans ce lieu, à 9 heures 28 minutes 28 secondes, temps moyen de Paris. Les formules et les tables du savant directeur de l'Observare impérial indiquaient 9 heures 28 minutes 27 secondes;

les anciennes tables auraient donné, entre le calcul et l'observation, une erreur de 2 minutes 40 secondes.

Des résultats semblables ont été obtenus à Rome par le P. Secchi, directeur de l'Observatoire du Collége Romain, et par le P. Calandrelli, directeur de l'Observatoire de l'Université Romaine.

Toutefois, dans une lettre adressée aux *Astronomiche Nachrichten*, le P. Secchi fait savoir que neuf mesures doubles du diamètre de la planète prises pendant le passage ont donné 9″,077, avec une erreur probable de 0″,189. Le diamètre déduit des tables de M. Leverrier eut dû être, à ce moment, de 9″,165, (comme on voit beaucoup plus faible que celui déterminé M. Schmidt et même par M. Bruhns).

Le P. Secchi en conclut néanmoins (ce qui nous semble un peu prématuré), que le diamètre donné par les tables de M. Leverrier est trop fort. Il ajoute que le 2 mai 1857 ses mesures lui avaient donné 6″,22 pour diamètre de l'astre, à la distance moyenne de la Terre au Soleil; à la distance à laquelle se trouvait Mercure le 12 novembre dernier cela eut donné 8″,91.

Tout prouve donc, dit le savant astronome italien, que le diamètre de Mercure exige une correction.

Pour notre part, nous nous permettrons de mettre simplement en regard les nombres que nous venons de donner plus haut :

En 1845, M. Schmidt a trouvé.......... pour diamètre de Mercure à la distance *un*.	6″,057
En 1857, le P. Secchi a trouvé..........	6″,22
En 1861, le professeur Bruhns a obtenu..	6″,52
En 1861, M. Schmidt..................	6″,711
En 1861, le P. Secchi.................	6″,336

On voit que l'accord de ces nombres est encore loin d'être parfait, et combien ils indiquent la difficulté de la mesure que l'on veut obtenir. Toutefois, ce désaccord est moins considérable que celui présenté par les observations faites en 1832, car d'après Arago :

Bessel trouva..................	6″,70
Mœdler et Beer................	5″,80
et Gambart........................	5″,18

Ainsi, bien qu'il y ait progrès, on ne peut avoir encore rien de bien certain au sujet du volume de Mercure.

Il paraît évident, seulement, que l'erreur de 3 minutes environ, reprochée aux anciennes tables, est réelle, et que M. Leverrier a été dans le vrai en faisant subir à la théorie de Mercure certaines modifications, dont une entre autres, qualifiée d'*empirique* par le savant M. Delaunay, a eu pour effet d'augmenter de 38 secondes le mouvement séculaire du périhélie de Mercure.

Ed. Dubois.

Extrait du Bulletin de la Société Académique de Brest.

Brest, Imp. de J. B. Lefournier aîné.

www.ingramcontent.com/pod-product-compliance
Lightning Source LLC
LaVergne TN
LVHW020038170826
845678LV00001B/320

* 9 7 8 2 3 2 9 6 9 3 6 2 0 *